DK 677.051.4:677.1 677.022.14:677.1 677.051.38

FORSCHUNGSBERICHTE
DES WIRTSCHAFTS- UND VERKEHRSMINISTERIUMS
NORDRHEIN-WESTFALEN

Herausgegeben von Staatssekretär Prof. Dr. h. c. Leo Brandt

Nr. 397

Dipl.-Ing. Waldemar Rohs
Dipl.-Ing. Rudolf Otto
Techn.-Wissenschaftliches Büro für die Bastfaserindustrie Bielefeld

Ungleichmäßigkeiten in Bändern von Bastfaserkarden,
ihre Ursachen und Auswirkungen

Als Manuskript gedruckt

WESTDEUTSCHER VERLAG / KÖLN UND OPLADEN
1957

ISBN 978-3-663-03287-8   ISBN 978-3-663-04476-5 (eBook)
DOI 10.1007/978-3-663-04476-5

Forschungsberichte des Wirtschafts- und Verkehrsministeriums Nordrhein-Westfalen

G l i e d e r u n g

I. Einleitung und Aufgabenstellung . . . . S. 5

II. Überblick über bisherige Arbeiten und Erfahrungen . . . S. 14

III. Durchführung der Versuche . . . . S. 17

IV. Auswertung und Besprechung der Versuchsergebnisse . . . S. 21

V. Verbesserung der Kardenbandgleichmäßigkeit . . . . . . S. 45

VI. Zusammenfassung . . . . S. 47

Forschungsberichte des Wirtschafts- und Verkehrsministeriums Nordrhein-Westfalen

I. Einleitung und Aufgabenstellung

Diagramme der Masseverteilung in Flachs- und Hanfkardenbändern, aufgenommen mit einem Gleichmäßigkeitsprüfer "Textronograph", zeigen Merkmalverlaufsschwankungen, die sich in ihrer charakteristischen Form wiederholen, aber nicht periodisch sind. In Abbildung 1 und 2 sind fünf Aufnahmen von Flachswerg-Kardenbändern wiedergegeben, die in verschiedenen Spinnereien aus unterschiedlichen Materialien (Schwingwerge, Hechelwerge und Wergmischungen) mit einem Gewicht von rd. 10 g/m hergestellt wurden[1].

Diese Diagramme zeigen grundlegende Unterschiede der Masseschwankungen. Allen gemeinsam sind kurzwellige Schwankungen, die so dicht aufeinander folgen, daß sie bei der vorgenommenen Einstellung des Meßgeräts nicht voneinander zu trennen sind und im Diagramm ein Streuungsband mit mehr oder weniger großer Breite ergeben. Über die Breite des Streuungsbandes ragen einzelne Spitzen hervor, die ihrerseits Masseschwankungen in Abständen von wenigen Metern (2 - 10 m) darstellen. Den kurzwelligen Schwankungen der Masse überlagern sich Mittelwertsschwankungen, die den Verlauf des vorerwähnten Streuungsbandes im Diagramm mehr oder weniger stark verzerren. Die Länge dieser Schwankungen liegt vielfach zwischen 50 und 100 m Band. Die oben gekennzeichneten charakteristischen Schwankungen im Kardenband sind in weiten Grenzen unterschiedlich ausgeprägt und es können außerdem Masseänderungen und Mittelwertsschwankungen anderer Art zusätzlich auftreten.

Diagramm 1 zeigt einen befriedigend gleichmäßigen Verlauf der Streuungen im oben gekennzeichneten Sinn. In den Diagrammen 4 und 5 treten die Mittelwertsschwankungen krass hervor. In Diagramm 4 ist auch die Breite der kurzwelligen Schwankungen wesentlich größer als in dem befriedigenden

---

1. Die Diagramme entsprechen von links nach rechts der Ablieferung aus dem Streckkopf. Nach der eingestellten Empfindlichkeit des Meßgeräts bedeutet ein Ausschlag der Anzeige bis zur oberen Linie des Diagrammstreifens eine Überschreitung des Massemittelwertes (Mittlere Linie des Streifens) um + 100 %. Die untere Linie des Streifens bedeutet die Masse 0. Aus den bei der Prüfung eingestellten Materialdurchlauf- und Papiervorschubgeschwindigkeiten ergibt sich für eine Bandlänge von 1 000 Yds. eine Diagrammlänge von 17 cm. Im allgemeinen wurde jeweils eine volle Kannenlänge der Prüfung unterworfen; beim Justieren des Geräts jedoch geht ein Teil der Bandlänge verloren.

Forschungsberichte des Wirtschafts- und Verkehrsministeriums Nordrhein-Westfalen

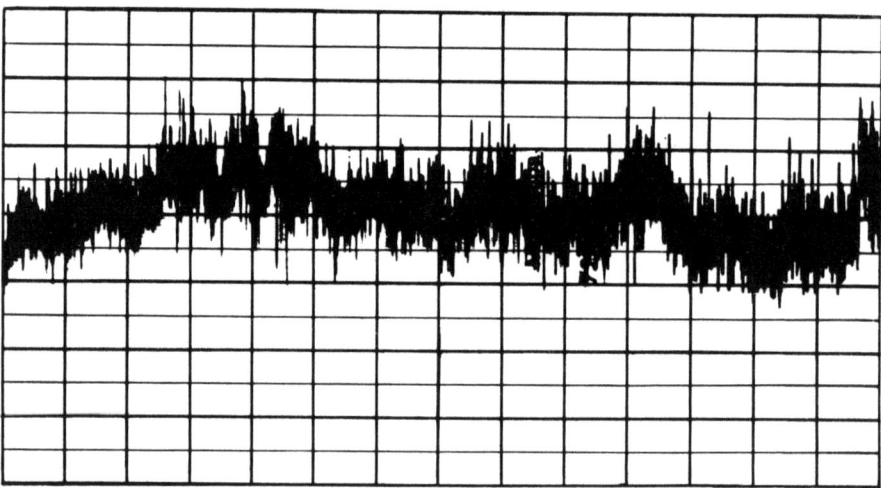

Diagramm 1

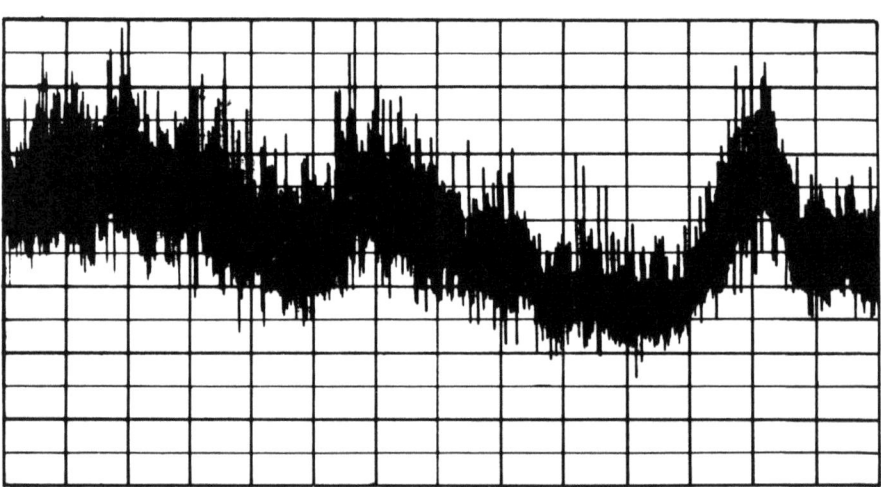

Diagramm 2

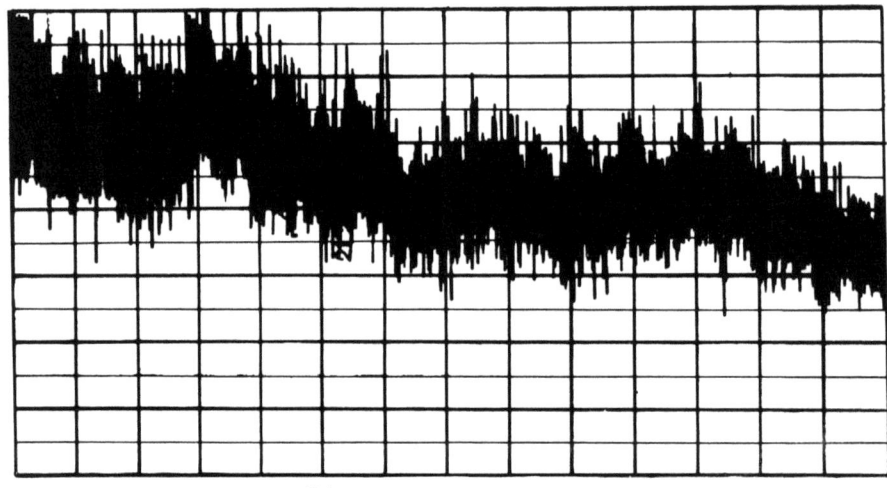

Diagramm 3

A b b i l d u n g 1

Ungleichmäßigkeiten von Kardenbändern, Flachswerg-Mischungen; 10 g/m

Forschungsberichte des Wirtschafts- und Verkehrsministeriums Nordrhein-Westfalen

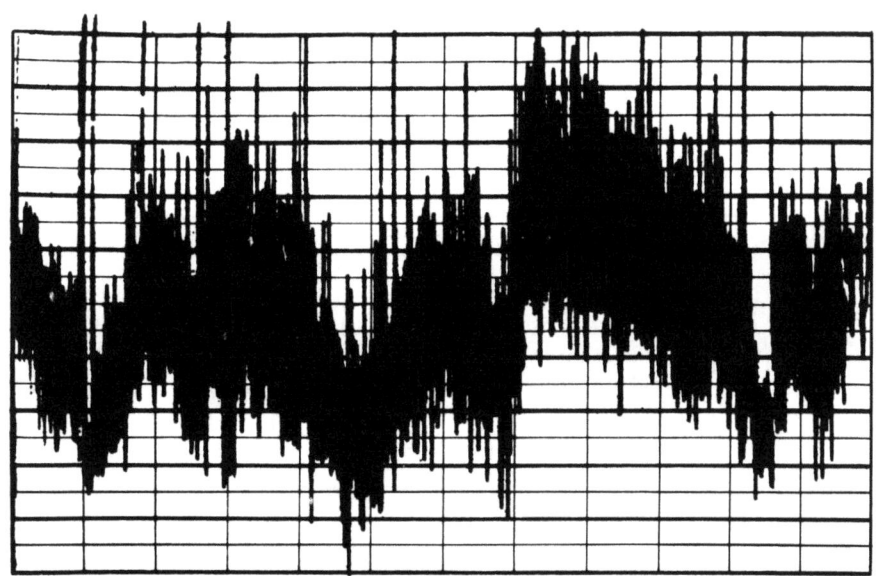

Diagramm 4
Schwingwerg

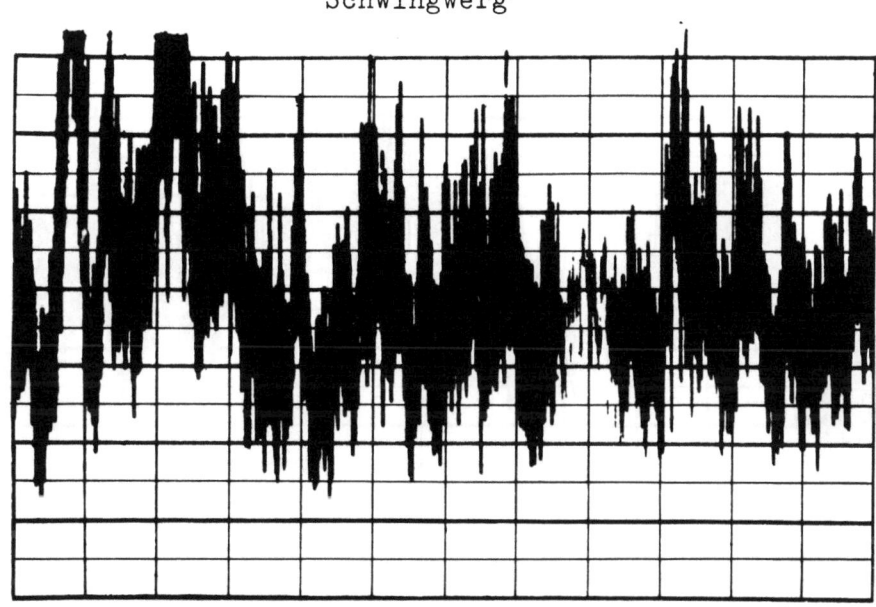

Diagramm 5
Hechelwerg

A b b i l d u n g   2
Ungleichmäßigkeiten von Kardenbändern, Flachswerg; 10 g/m

Diagramm 1. Diagramm 2 zeigt über den bereits gekennzeichneten Verlauf zusätzlich sehr langwellige Mittelwertsunterschiede und in Diagramm 3 ist schließlich eine durchweg fallende Tendenz für das Kardenbandgewicht festzustellen. Es handelt sich - wie bereits gesagt - um Aufnahmen aus dem praktischen Betrieb.

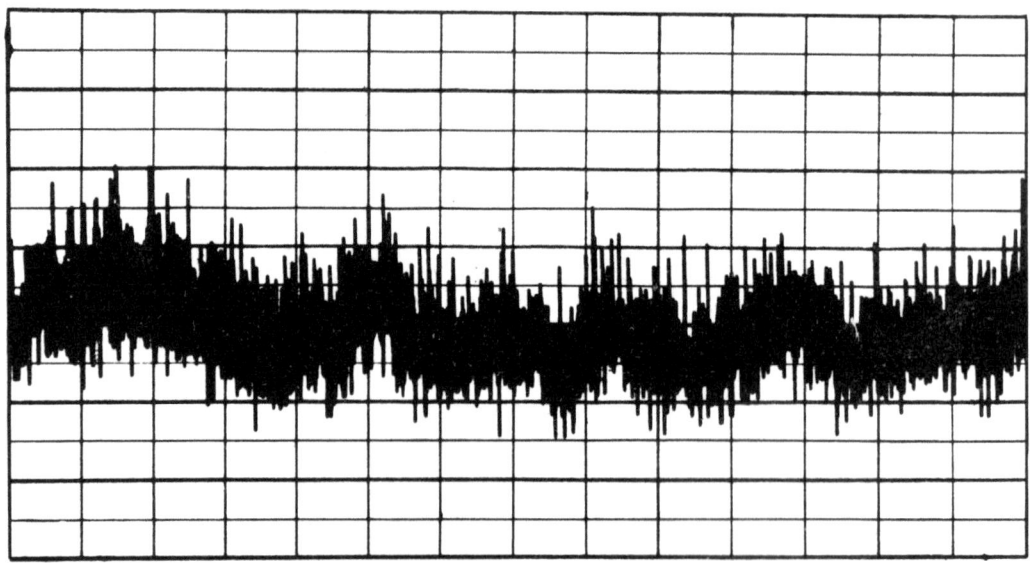

Diagramm 6

Karde I

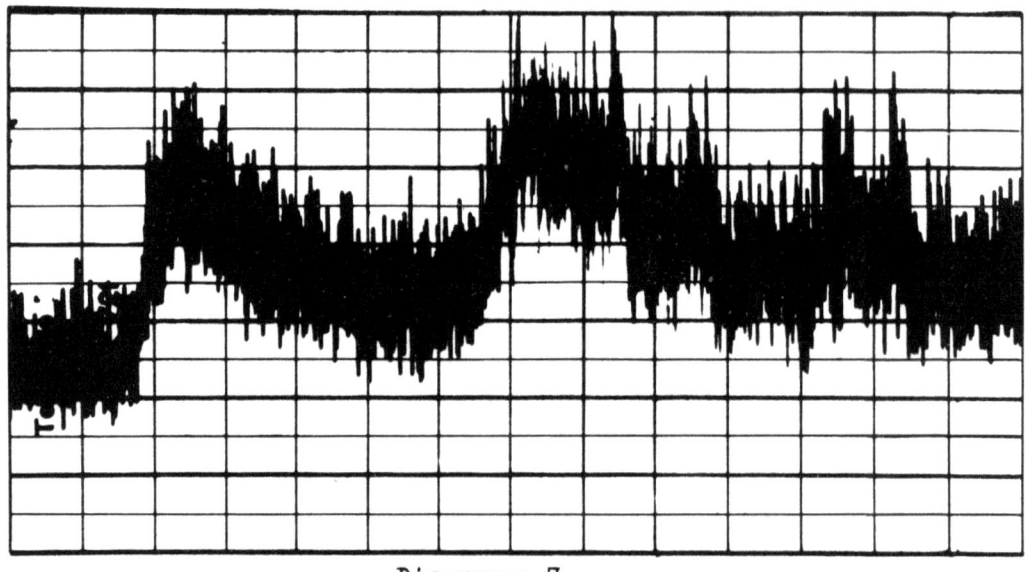

Diagramm 7

Karde II

A b b i l d u n g 3

Ungleichmäßigkeiten von Kardenbändern, Flachswerg-Mischung; 10 g/m

Abbildung 3 enthält zwei Diagramme 6 und 7 für Flachswerg-Kardenbänder aus gleichem Rohstoff, jedoch hergestellt auf zwei verschiedenen Karden einer Spinnerei. Diagramm 6 offenbart eine im Rahmen des Erreichbaren gute Bandgleichmäßigkeit, während Diagramm 7 überlagerte langwellige Streuungsspiele wiedergibt. Auch hier handelt es sich um Aufnahmen aus

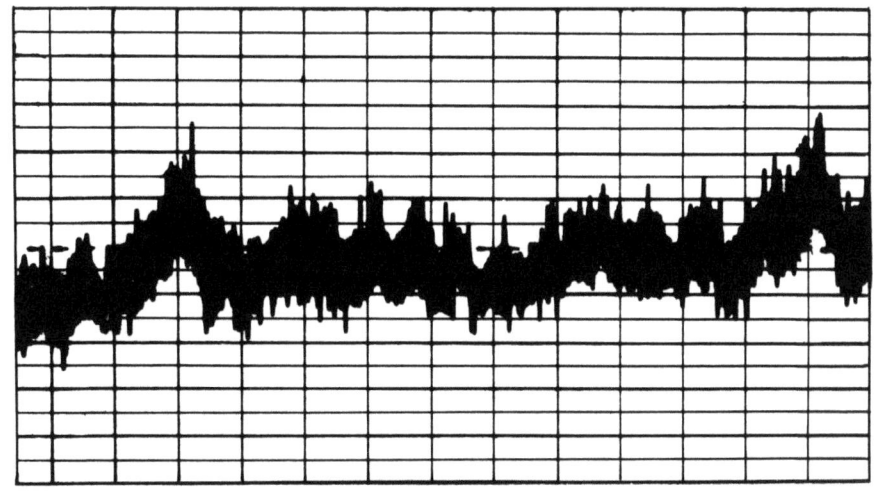

Diagramm 8

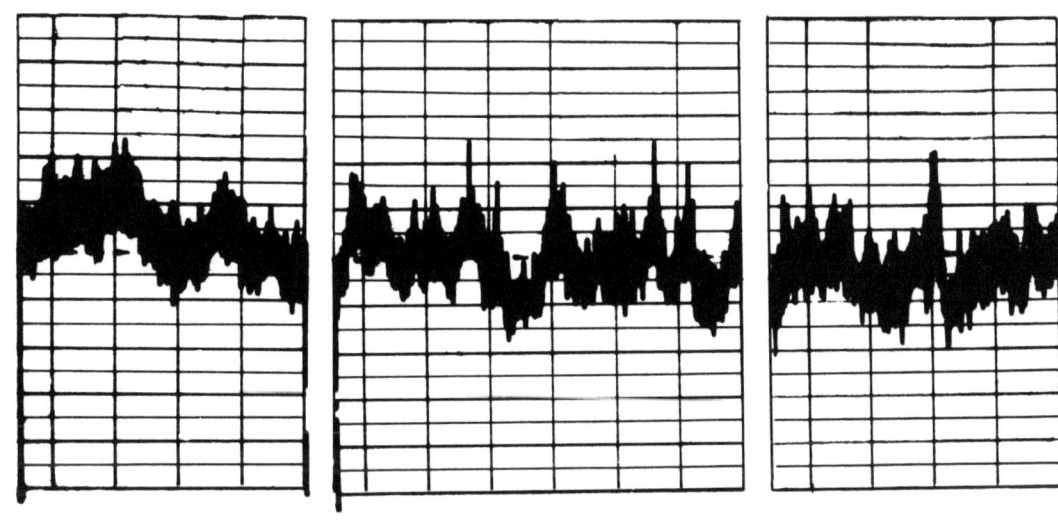

Diagramm 9   Diagramm 10   Diagramm 11

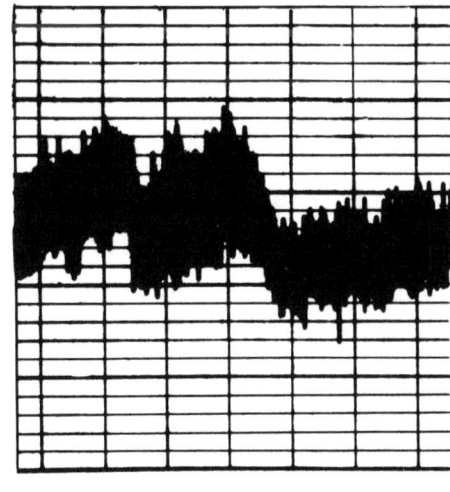

8   Flachswerg-Mischung; 20 g/m

9   Hanfwerg; 19 g/m, Karde:Syst.X

10   Hanfwerg; 25 g/m, Karde:Syst.Y

11   Zellwolle; 25 den, 150 mm Länge
       25 g/m

12   Hanfwerg; 20 g/m

Diagramm 12

A b b i l d u n g   4

Ungleichmäßigkeiten von Kardenbändern

einem Spinnereibetrieb. Der Vergleich zeigt die unterschiedliche Auswirkung der Karden bzw. ihrer Einstellungen auf die Gleichmäßigkeit des erzeugten Bandes.

Auch in Abbildung 4 sind für Flachswerg, Hanfwerg und Zellwolle Diagramme gezeigt, die wir teilweise im Betrieb, teilweise an uns aus der Praxis zur Verfügung gestellten Bandabschnitten aufgenommen haben. Hierbei handelt es sich um stärkere Kardenbänder von ca. 20 g/m. Dementsprechend ist die Breite der kurzen Streuungen geringer als bei den bisher herangezogenen, leichteren Bändern, da bekanntlich die prozentuale Ungleichmäßigkeit den Gesetzen der technischen Statistik folgend mit zunehmender Bandfeinheit größer wird. Diagramm 8 wurde erhalten bei der Messung einer ganzen Klingellänge eines Flachswerg-Kardenbandes. Diagramm 9 und 10 sind Meßergebnisse von Abschnitten zweier Hanfwerg-Kardenbänder, hergestellt auf Karden verschiedenen Systems, beide neuzeitlicher Bauart. Diagramm 11 ergab sich bei der Prüfung eines Abschnitts Zellwollband, hergestellt auf einer Hanfkarde. Schließlich wurde Diagramm 12 bei der Messung eines in einer anderen Spinnerei hergestellten Hanfwerg-Kardenbandes erhalten.

Diagramm 8 zeigt die schon besprochenen Schwankungen und wäre ohne die im großen Abstand voneinander auftretenden dicken Stellen als gut zu bezeichnen. Diagramm 9 und 10 zeigen die unterschiedliche Arbeitsweise zweier Karden. Die für das Band gemäß Diagramm 9 verwendete Maschine bewirkte die größere Gleichmäßigkeit. In Diagramm 10 sind die Schwankungen mittlerer Wellenlänge stärker ausgeprägt und deutliche Spitzen vorhanden. Das Zellwoll-Diagramm 11 gleicht weitgehend dem Hanfwerg-Diagramm 10. In Diagramm 12 sind bei sonst befriedigender Breite des Streuungsbandes wiederum undefinierbare Schwankungen auf große Längen enthalten.

Zusammengefaßt ergibt die Betrachtung der aus der Praxis erhaltenen Diagramme neben der aufgezeigten Art der charakteristischen und zufälligen Masseschwankungen, daß das Material selbst auf Größe und Verlauf dieser Schwankungen anscheinend ohne Einfluß ist. Selbst die Faserlänge, die eigentlich für die Masseschwankungen von Bedeutung sein müßte, scheint gegenüber anderen beim Kardieren auftretenden Einflüssen mechanischer Art eine verhältnismäßig geringe Auswirkung zu haben, wie das Diagramm des Zellwollbandes zeigt, bei dem doch im Gegensatz zu den Bastfasern ein gleichmäßiger Faserstapel vorlag.

Die gezeigten Schaubilder - entnommen einer großen Zahl insgesamt gemachter Aufnahmen - offenbaren das sehr unterschiedliche Ausmaß der in Bastfaserkardenbändern vorhandenen Ungleichmäßigkeiten. Daran ändert nichts, daß die Gewichtsschwankungen unter den einzelnen Kannen an einer Karde gegebenenfalls nur gering sind. Jedenfalls gibt das letztgenannte Merkmal keinen Überblick über die Masseschwankungen innerhalb Bandlängen kleiner als die Klingellänge.

Das TWB-Bastfaser hat sich deshalb die Aufgabe gestellt, die Masseschwankungen in Kardenbändern auf ihre Ursachen hin zu prüfen und nach Mitteln zur Verminderung der extremen Schwankungen zu suchen. Eine vollständige Behebung der Masseschwankungen ist nach den Gesetzen der statistischen Faserverteilung nicht erreichbar. Die Ungleichmäßigkeiten werden aber durch die betrieblichen Unzulänglichkeiten ungünstig beeinflußt, und es gilt, sie in einer Größenordnung zu halten, die erträglich und - wie Diagramm 1 und 6 zeigen - auch praktisch erreichbar ist.

Als Fehlerquellen kommen alle Bewegungselemente in Frage, von denen Fasern während des Kardiervorganges von der Auflage bis zur Bandbildung erfaßt werden bzw. die eine Veränderung im Ablauf der Faserbewegung verursachen. Diese Elemente lassen sich nach ihrer Reihenfolge im Arbeitsprozeß in Gruppen für das Auflegen des Werges bzw. das Speisen der Karde, das eigentliche Kardieren und die Formung des Kardenbandes zusammenfassen. Die diese Arbeitsgänge bewirkenden Teile des Kardenaggregats (Speiseapparat-Karde-Streckkopf) müssen getrennt untersucht werden, um die durch ihre Einstellung hervorgerufenen Bandungleichmäßigkeiten separat erfassen zu können.

Nach Konstruktion und Arbeitsweise kann die Karde selbst die ihr mit der Materialvorlage zugeführten Ungleichmäßigkeiten nicht ausgleichen. Die Dopplungen, welche im Streckkopf erfolgen, verringern lediglich Streuungen quer zur Auflage. In geringem Umfang erfolgt in der Karde in den Arbeitern und den Doffern, und vor allem gerade durch diese eine Verdichtung des Vlieses und damit eine gewisse, der Dopplung vergleichbare Egalisierung in Durchlaufrichtung, die aber nicht ausreicht, Fehler ungleichmäßiger Beschickung zu beseitigen. Dies bedeutet, daß die Gleichmäßigkeit der Kardenspeisung grundlegenden Anteil an der Gleichmäßigkeit der Kardenbänder haben muß.

Die Bastfaserkarden besitzen zur Regelung der Beschickung einen Speiseapparat, über dessen Bedienung und Arbeitsweise an dieser Stelle einiges zu sagen ist (Abb. 5).

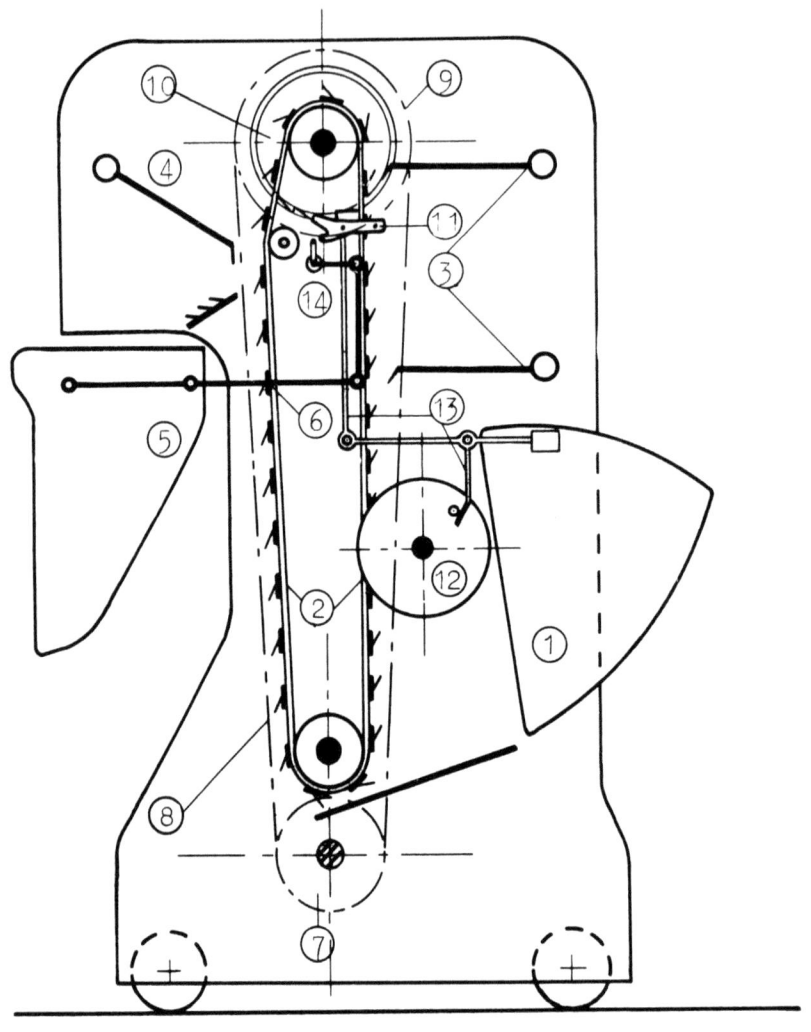

Abbildung 5
Kastenspeiser einer Bastfaserkarde

Das Werg wird von Hand in den Kasten 1 eingelegt, aus dem es durch ein Nadellatten-Transporttuch 2 vertikal herausgehoben und an zwei hin- und herbeweglichen Abstreifvorrichtungen 3, die als Hacker ausgebildet sind, vorbeigeführt wird. Die Eingriffstiefe der Hacker, das Ausmaß ihrer Bewegung und die Zahl der Schläge je Minute sind veränderlich. Hierdurch kann die Stärke der Auflage und die Gleichmäßigkeit ihrer Verteilung beeinflußt werden. Das im Lattentuch verbliebene Material wird durch einen ebenfalls als Hacker oder als benadeltes Holzsegment ausgeführten Abnehmer 4 in die Wiegemulde 5 abgelegt, deren Spiel über ein Hebelsystem 6 die Bewegung des Zuführlattentuches zusätzlich steuert. Diese erfolgt von der Hauptwelle 7 des Speisers über einen Kettentrieb 8 mit Rutschkupplung 9, Klinkenrad 10 und Sperrklinke 11. Die Sperrklinke wird in regelmäßigen Zeitabständen von einem umlaufenden Bolzen des Bolzenrades 12 über Hebel 13 ausgehoben und dadurch die Bewegung des Lattentuches mehr oder weniger kurzzeitig freigegeben. Dieses periodische, regulierbare Bewegungsspiel schafft die Grundlage für die Kardenspeisung. Durch unterschiedliche Umlaufgeschwindigkeit des Bolzenrades 12 bzw. durch Vorsehen eines zweiten Bolzens können die Speiseintervalle, d.h. der zeitliche Takt, in dem die Sperrklinke 11 regelmäßig ausgehoben und die Materialbeschickung freigegeben wird, verändert werden. Eine radiale Verschiebung des Bolzens auf dem Bolzenrad beeinflußt die Dauer der periodischen Lattentuchbewegung.

In die beschriebene Grundbewegung des Zuführlattentuches 2 greift zusätzlich eine von der Wiegemulde 5 herkommende Regelung der Speisung. Wird die Materialauflage zu leicht, hebt sich die Wiegemulde und überträgt ihre Bewegung durch einen an ihr befestigten Hebel 6 auf eine Vorrichtung 14, durch welche die Sperrklinke 11 am Eingriff gehindert wird. Die Kupplung 9 kann dann die Antriebsbewegung solange auf das Lattentuch übertragen, bis sich die Wiegemulde unter dem Gewicht des nachgelieferten Materials senkt und die Sperrklinke wieder freigibt. Die Bewegung des Lattentuches unterbleibt jetzt bis zum nächsten Ausheben der Klinke durch den umlaufenden Bolzen des Rades 12. Die Wiegemulde ist somit in der Lage, eine Abhilfe bei mangelnder Materialauflage zu schaffen. Sie hat aber nicht die Möglichkeit, eine übermäßige Materialzufuhr zu drosseln. Eine solche Regelung bleibt der richtigen Einstellung der Hacker vorbehalten, wobei der untere Hacker die Grobregelung zu übernehmen hat und dem oberen Hacker die Feinregelung zufällt.

Die in der <u>Karde</u> auf das Werg einwirkenden Bewegungselemente sind mit verschiedenen Geschwindigkeiten rotierende Walzen. Beim Übergang von einer zur anderen entsteht ein Verziehen oder ein Verdichten des Faservlieses je nach Umlaufzahl und Umlaufrichtung der Walzen. Eine große Geschwindigkeitsdifferenz ist zwischen Speisewalzen (Feeder) und Kardentrommel (Tambour) vorhanden. Hier entsteht also ein sehr hoher Verzug.

Bei der Zusammenarbeit zwischen Trommel und den Arbeiter- und Wenderwalzen heben sich Verzugs- und Verdichtungswirkungen auf. Beim Hineinkämmen von Fasermaterial in die Arbeiter (Worker) findet eine Verdichtung statt, die dann wieder durch ein Verziehen zwischen Arbeitern und Wendern (Stripper) sowie Wendern und Trommel einen Ausgleich findet. Es besteht aber die Möglichkeit, daß es an Stellen der Zusammenarbeit zwischen Trommel, Arbeitern und Wendern zu momentanen Stauungen und Faseranhäufungen kommt, die dann als Verdickungen im Kardenband erscheinen.

In den Abnehmerwalzen (Doffer) wird das Faservlies entsprechend der Differenz zu der Umfangsgeschwindigkeit der Trommel verdichtet. Diese Verdichtung kann als eine Art Dopplung in Längsrichtung aufgefaßt werden.

Die Bandbildung erfolgt am Ausgang der Karde, wobei die drei auf dem oberen und dem unteren Doffer geteilten Vliesbahnen zusammengefaßt und dem Streckkopf zugeführt werden. In dessen Nadelfeld erfolgt ein Verzug von 1,5 bis 3-fach, die Dopplung der drei Eingangsbänder auf der Doublierplatte und die Ablage des Kardenbandes in Kannen.

Die Dopplung auf dem Streckkopf bringt - wie bereits an anderer Stelle gesagt - eine Vergleichmäßigung der Masseverteilung über die Auflagebreite. Ein Ausgleich in Längsrichtung erfolgt nur für sehr kurzwellige Schwankungen, die innerhalb der Weglängenunterschiede für die drei Ablieferungen der Karde liegen.

Der Streckkopf besitzt eine relativ hohe Abliefergeschwindigkeit und dementsprechend ebenfalls eine hohe Geschwindigkeit des Nadelfeldes. Dies führte zu Konstruktionen, die für die Faserführung nicht immer günstig waren. Zwar gibt es neuzeitliche Bauarten, die diesen Zusammenhängen Rechnung tragen, doch finden sich in der Praxis sehr häufig alte Typen, weil die Bedeutung der Streckkopfarbeit für die Gleichmäßigkeit des Kardenbandes vielfach verkannt wird.

II. Überblick über bisherige Arbeiten und Erfahrungen

Die vorhandenen Literaturangaben über das Kardieren von Bastfasern gehen von der Nadelarbeit aus, die bei bestimmten Einstellungen der Karde geleistet wird. Diese Arbeit wird als Kardiereffekt bezeichnet und die Einstellung fast ausschließlich nach diesem Gesichtspunkt beurteilt, ohne die sich daraus ergebenden oder möglichen Einflüsse auf die Gleichmäßigkeit der Kardenbänder zu behandeln. Eine solche Beeinflussung der Gleichmäßigkeit durch die mit Rücksicht auf die Nadelarbeit getroffenen Maßnahmen ist aber nicht von der Hand zu weisen. Deshalb ist es auch im Rahmen dieser Ausarbeitung notwendig, die in der Literatur vorhandenen Angaben zu berücksichtigen.

Auf der im Dezember 1948 an der Universität Leeds abgehaltenen Tagung des Textile Institute über "Kardieren" haben u. a. DORMAN und PRINGLE[2] Referate gehalten, in denen eine von den Verfassern entwickelte Formel angegeben wurde, in der der Kardiereffekt in Kardiereinheiten als Funktion von Oberflächengeschwindigkeit, Benadelungsdichte und Einstellung der Walzen ausgedrückt wird. Die Kardiereinheiten (Kämmungen) werden zwischen Speisewalzen und Trommel, Arbeiterwalzen und Trommel sowie Abnehmerwalzen und Trommel geleistet und sind zwischen Speisewalzen und Trommel je nach Einstellung etwa 3 - 4 mal so groß wie zwischen Arbeitern und Trommel bzw. Abnehmern und Trommel. Die von den Verfassern zahlenmäßig angegebenen Werte beziehen sich auf das Kardieren von Jute auf der Feinkarde. Für Flachs und Hanf liegen die Kardiereinheiten höher, bleiben aber im Verhältnis zueinander unverändert[3].

Die intensive Kardierarbeit zwischen Speisewalzen und Trommel ist bedingt durch die großen Unterschiede in den Umfangsgeschwindigkeiten, d.h. also durch den an dieser Stelle eintretenden hohen Verzug. In den erwähnten Aufsätzen sind über die Auswirkungen dieses Verzuges auf die Bandgleichmäßigkeit keine Angaben enthalten. DORMAN und PRINGLE schlagen lediglich vor, eine "Verbesserung des Kardenbandes" dadurch zu erreichen, daß zwischen Trommel und Speisewalzenpaar eine "Porcupinewalze" eingeschaltet wird, deren Umfangsgeschwindigkeit zwischen denen von Trommel und Speisewalzen liegen sollte. Ähnliche Vorschläge finden sich in einer russischen Veröffentlichung, die in der Zeitschrift "Textil- u. Faserstofftechnik", 5 (1955), 460 - 461, übersetzt wurde. Auch hier wird angeregt, durch eine Zwischenwalze die Faserbeanspruchung beim Übergang zur Trommel zu vermindern und damit das Kardenband zu verbessern. In welchem Sinne sich diese

---

2. DORMAN, H.J. und A.V. PRINGLE: The Carding of Jute and Flax. J.Textile Inst., 40 (1949), P. 117 - 131

3. siehe auch:
   DEMONTE: Speeds and Settings of Jute Mill Cards. Textile Manufacturer, 81 (1955), 163 - 165

   CALDWELL, S. A. G.: Management and Maintenance of Flax Tow Cards. Textile Manufacturer, 77 (1951), 497 - 499

Verbesserung auswirken soll, wird in beiden Arbeiten nicht erwähnt. Es
bleibt offen, ob man dabei an eine Verbesserung des mittleren Stapels,
eine höhere Ausbeute oder an eine Verbesserung der Auflagegleichmäßigkeit und damit der Gleichmäßigkeit des Kardenbandes gedacht hat. Letzteres ist allerdings kaum anzunehmen, da - wie gesagt - in keiner der Veröffentlichungen die Masseschwankungen der Kardenbänder den Ausgangspunkt
der Betrachtung bilden.

Angaben über mittlere Verzugseinstellungen in Flachskarden sind in Tabelle 1 zusammengestellt, wobei Unterlagen aus der Literatur, Anweisungen
einer Maschinenfabrik und Angaben aus der Praxis ausgewertet wurden.

T a b e l l e   1

Kardeneinstellungen[4]

	Pringle	Sprenger	Liebscher	Sp.
Trommeldrehzahl (U/min):	185	165	175	150
Mittl. Verzüge: Speisewalzen-Trommel Trommel-Arbeiter Arbeiter-Wender Wender-Trommel Trommel-Abnehmerwalze Abnehmerwalze-Ablieferzyl.	2730 - 140 1,46	1640 je nach - 132 1,41	622 Material - 111 1,45	790 - 102 1,50
Speisewalze-Ablieferzyl. = Gesamtverzug	28,4	17,6	8,1	11,7

---

4. PRINGLE, A.V.: The Theory and Practice of Flax Spinning, Part II,
Chapter V: Carding. Fibres, Fabrics and Cordage, 17 (1950), 192 ff
SPRENGER, W.: Der Flachs, 2. Abt.: Flachsspinnerei. Technologie der
Textilfasern, herausgegeben von R. O. Herzog, V. Band, 1. Teil, Verlag Julius Springer, Berlin, 1931
Handbuch für die Flachsspinnerei, herausgegeben von Maschinenfabrik
C. Oswald LIEBSCHER, Chemnitz.
Sp.: Angaben einer Spinnerei

Forschungsberichte des Wirtschafts- und Verkehrsministeriums Nordrhein-Westfalen
___

Aus der Tabelle geht hervor, daß die Angaben über die Teil- und Gesamtverzüge an der Karde in einem außerordentlich weiten Bereich schwanken, so z. B. der Gesamtverzug zwischen 8- und 28-fach oder der Verzug zwischen Trommel und Speisewalze, mit dem wir uns noch zu befassen haben werden, zwischen 620- und 2730-fach. Dabei beruhen die extrem hohen Werte auf den englischen Angaben. Es ist nicht ganz klar, warum PRINGLE den hohen Verzug bei der Kardenspeisung als normal einsetzt, während er - wie auf Seite 15 dargelegt - eine Verminderung der mit dem hohen Verzug an dieser Stelle zusammenhängenden Kämmbeanspruchung der Faser anstrebt.

Die Angaben über Streckkopfverzüge sind demgegenüber einheitlich mit 1,5 - 3,5-fach, wobei meist mit Normalverzügen von 2 - 2,5-fach gerechnet wird. Demnach erübrigt sich eine Gegenüberstellung in Tabellenform.

Über die Einstellung der Speiseapparate sind in der Literatur Zahlenangaben nicht zu finden. Die Lattentuchgeschwindigkeit im Verhältnis zur Kardenspeisung, die Zahl der Hackerbewegungen in der Zeiteinheit und die Umdrehungen des Nockenrades zum Auslösen der Sperrklinke werden in keinem der Aufsätze erwähnt. Eine Erklärung dafür kann nur die Tatsache sein, daß - wie bereits gesagt - in allen Veröffentlichungen grundsätzlich die Nadelarbeit, d.h. also die Kämmwirkung untersucht wird, ohne dabei auf die Gleichmäßigkeit der Kardenbänder näher einzugehen. Wir fanden bei unseren Untersuchungen der Kardenspeiseapparate in der Praxis Unterschiede der Hauptwellendrehzahl bis zu einer Größenordnung von rd. 60 bis 90 U/min, ohne daß dafür eine Erklärung vom verarbeiteten Fasermaterial her gegeben werden konnte.

Ein Aufsatz von WEISS, Textil-Praxis, 9 (1954), 803 - 808, bringt Zahlenangaben über Ungleichmäßigkeiten von Kardenbändern, deren Masseschwankungen nach der Schneide- und Wägemethode ermittelt wurden. Als eine der Hauptursachen für die festgestellten Schwankungen wird vom Verfasser die ungleichmäßige Beschickung der Speiseapparate bezeichnet. Bei Besprechung und Auswertung der vorliegenden Versuchsergebnisse wird auf diese Feststellung noch näher einzugehen sein.

III. Durchführung der Versuche

Die vom TWB-Bastfaser zur Feststellung der Ursachen unterschiedlicher Ungleichmäßigkeiten von Kardenbändern durchgeführten Arbeiten erstreckten sich auf Untersuchungen von Bändern, die auf Karden hergestellt wurden,

deren Einstellung in Bezug auf Speisung, Kardierung und Streckkopfverzug
in einer noch zu beschreibenden Weise variiert wurde. Zur Feststellung
der Masseschwankungen dieser Bänder wurde der elektronische Gleichmäßigkeitsprüfer "Textronograph" eingesetzt. Um eine Auswertung der Messungen
zu ermöglichen, war dem Gleichmäßigkeitsprüfer ein Schreibgerät angeschlossen, das den Merkmalsverlauf in Diagrammform aufzeichnete. Die Vergleichbarkeit der jeweiligen Ergebnisse wurde dadurch erreicht, daß das
Bandgewicht mit ca. 10 g/m bei allen Versuchen konstant gehalten wurde.

Die Kardierversuche wurden hauptsächlich auf einer Flachswergkarde, Bauart Seydel 1952, mit Speiseapparat und Streckkopf, sieben Arbeiter- und
Wenderwalzen sowie zwei Abnehmerwalzen durchgeführt. Die Trommel hatte
eine Benadelungsdichte von 5,6 Nadeln/cm^2 (36 N./$inch^2$) und eine Drehzahl
von 190 U/min. Bei einer Drehzahl der Speisewalzen von 3,6 U/min ergab
sich bei der Speisung ein Verzug von ca. 960 und bei 37 U/min des Ablieferzylinders ein Kardenverzug von 12,6. Die Drehzahl der Arbeiterwalzen
betrug normal 5 U/min, die der Wenderwalzen 190 U/min., am ersten Walzenpaar gemessen, steigerte sich in üblicher Weise bis zum letzten Walzenpaar und betrug dort 4 bzw. 250 U/min. Arbeiter- und Wenderwalzen waren
je für sich durch PIV-Getriebe regelbar. Der Pushbar-Streckkopf arbeitete
mit einer Abliefergeschwindigkeit von 30 m/min, 3-facher Dopplung und
2,4-fachem Verzug. Die Drehzahl der Hauptwelle des Speiseapparates betrug
71 U/min.

Um den Einfluß einer möglichst gleichmäßigen Materialzufuhr zur Karde in
ihrer Auswirkung auf die Kardenbandgleichmäßigkeit zu überprüfen und damit einen Maßstab für die Arbeitsweise der heute gebräuchlichen Kardenspeiseapparate zu schaffen, wurde eine Handbeschickung der Karde in der
Weise vorgenommen, daß Schwingwerg in gleichen Gewichtsmengen auf das in
gegeneinander versetzte Felder eingeteilte Zuführtuch aufgelegt wurde.

Die Arbeitsweise der Kardenspeiseapparate wurde unter Veränderung der
Hackereinstellungen, der Zeitintervalle für die Fortbewegung des Speiselattentuches und der Stärke der Materialauflage untersucht. Um bei den
letztgenannten Versuchen mit verschiedener Auflagestärke - erzielt durch
entsprechende Gewichtseinstellung im Speiseapparat - für die textronographischen Untersuchungen vergleichbare Bänder von gleichem Gewicht zu
erhalten, wurde der erwähnte Unterschied durch Veränderung des Streckkopf-

verzuges wieder ausgeglichen. Als Fasermaterial wurde Flachsschwingwerg verwendet.

Wie bereits erwähnt, wird eine schonende Kämmarbeit zwischen Speisewalzen und Trommel günstig beurteilt. Die Intensität dieses Vorganges wird beeinflußt durch die Geschwindigkeitsdifferenz, d.h. durch den Verzug bei der Kardenspeisung, demnach - bei sonst unveränderten Geschwindigkeitsverhältnissen bei der Abnahme - durch den Kardenverzug. Es lag deshalb nahe, den Einfluß der durch Änderung der Speisegeschwindigkeit variierten Kardenverzüge auf die Bandgleichmäßigkeit zu untersuchen. Dieser Untersuchung waren mehrere Versuchsreihen gewidmet, bei denen mit verschiedenem Material - Hechelwerg, Schwingwerg, Reißflachs und Mischung - teils auf älteren Karden, teils auf der beschriebenen Seydel-Karde gearbeitet wurde.

Bei dieser Gelegenheit wurde auch der Einfluß einer Vorkardierung auf die Kardenbandgleichmäßigkeit sowie den Stapel der Fasern im Kardenband untersucht. Für die letztgenannte Untersuchung wurde ein Stapelziehgerät, Bauart Schlumberger MAE, eingesetzt. Für diese und alle noch zu nennenden Versuche fand wiederum die eingangs erwähnte Seydel-Karde Verwendung.

Obzwar nicht zu erwarten war, daß die Kardenbandgleichmäßigkeit durch Veränderung der Drehzahl der Arbeiter- und Wenderwalzen beeinflußt werden kann, wurden Gleichmäßigkeitsprüfungen von Bändern durchgeführt, die bei verschiedenen Geschwindigkeiten dieser Walzen hergestellt worden waren. Den normalen Drehzahlen wurde je einmal eine erhöhte Arbeiter- und eine herabgesetzte Wendergeschwindigkeit gegenübergestellt.

In welchem Maße der Streckkopf der Karde an den Ursachen der Bandungleichmäßigkeit beteiligt ist, war abschließend festzustellen. Hierzu wurden die von der Karde abgelieferten Vliesbänder einmal - wie üblich - auf dem Kardenstreckkopf, das andere Mal auf einer Spiralstrecke verzogen und doubliert. Die Massediagramme dieser Bänder wurden miteinander verglichen.

Um den Einfluß der Kardenbandungleichmäßigkeit auf die Gestaltung des Spinnplanes darzulegen, wurden Kardenbänder aus einer Flachswergmischung auf der Seydel-Karde hergestellt und zu Gillgarnen Nm 3,6 weiterverarbeitet. Den in der betreffenden Spinnerei normal angewendeten Spinnplan mit einer Gesamtdopplung von 192 und einem Gesamtverzug von 7630 gibt die nachstehende Aufstellung wieder.

Strecke: N/"	1 10	2 12	3 14	4 16	Gillsp. 18
Dopplung	6	4	4	2	-
Verzug	5,5	5,5	6,0	6,0	7,0

Diesem Spinnplan stellten wir ein Kurzspinnverfahren gegenüber bei dem außer der Gillspinnmaschine lediglich die 3. und 4. Strecke des Systems mit einer Gesamtdopplung von 8 und einem Gesamtverzug von 252 zum Einsatz kamen. Die Versuche bezweckten die Feststellung, welche Resultate sich in beiden Fällen beim Einsatz gleichmäßiger und ungleichmäßiger Kardenbänder in Bezug auf die Massestreuung bei der Weiterverarbeitung und im Enderzeugnis ergeben[5].

Im Verlauf dieser Untersuchungen wurden die Masseschwankungsdiagramme der Karden- und Feinstreckenbänder aufgenommen sowie eine technologische Untersuchung der Gillgarne durchgeführt. Bei den Gillgarnen wurden zudem nach der Schneide- und Wägemethode die Masse- bzw. Gewichtsstreuungen von Abschnitten in Längen von 0,1, 1, 10, 50, 100, 500 und 1000 m bestimmt. Die Ergebnisse ermöglichten die Aufstellung von Längenvariationskurven, d.h. von Schaulinien für die Abhängigkeit der Ungleichmäßigkeit von der Länge der Prüfabschnitte. Diese Schaulinien erlauben die Feststellung von Streuungen, die gegebenenfalls bei bestimmten Schnittlängen in besonderem Ausmaß auftreten und sich bei großen Längen als Nummernschwankungen auswirken.

Die Versuche mit verschieden gleichmäßigen Kardenbändern und ihrer Verarbeitung mit unterschiedlichen Passagen- und Dopplungszahlen wurden unter Benützung der gleichen Karde noch mit einem Flachsschwingwerg wiederholt.

---

5. Beim Vergleich war eine gewisse Unkorrektheit zu Ungunsten des Kurzverfahrens in Kauf zu nehmen. Im Ernstfall wäre eine Anpassung der Benadelungsdichte auf den Strecken erforderlich gewesen

Bei allen Kardierversuchen wurde die prozentuale Bandausbeute festgestellt und nur jene zur Auswertung herangezogen, bei denen diesbezüglich keine oder nur unwesentliche Unterschiede auftraten.

IV. Auswertung und Besprechung der Versuchsergebnisse

Bei der Auswertung der nachfolgend gezeigten Textronographen-Diagramme für die Masseschwankungen der gemessenen Bänder sind folgende Daten zu beachten.

Prüfgeschwindigkeit der Kardenbänder: 16 m/min
Papiervorschub des Schreibgeräts : 0,003 m/min
Demzufolge entspricht: 1 cm Papiervorschub = 53,3 m Band
Empfindlichkeit der Textronographeneinstellung: 100 %

Dies bedeutet, daß die obere Linie eines Diagrammstreifens einer Überschreitung des Massemittelwerts um + 100 %, die untere Linie einer Masse = 0 entspricht.

Sämtliche Diagramme sind von rechts nach links zu lesen. Da die Bänder bei den Messungen den Kannen entnommen wurden, entsprechen die Diagramme von links nach rechts der Ablieferung der Karde.

Im folgenden werden die bei den im vorigen Abschnitt gekennzeichneten Versuchen und Untersuchungen erhaltenen Masseschwankungsdiagramme der Kardenbänder in geeigneter Auswahl gezeigt und besprochen. Dabei sei eingangs noch einmal verwiesen auf die im Abschnitt I dieses Berichtes bereits erläuterten Diagramme, welche sowohl charakteristische als auch zufällige, in der Praxis auftretende Masseschwankungen in Kardenbändern aufzeigen.

Abbildung 6 enthält Diagramm 13 eines Kardenbandes, das auf einer Karde mit sorgfältig durchgeführter und in Abschnitt III beschriebener Handbeschickung erzielt wurde. Das Diagramm zeigt, daß langwellige Masseschwankungen nicht vorkommen. Es zeigt weiter eine gleichbleibende Breite der unvermeidlichen kurzwelligen Schwankungen. Auffallend sind einzelne Spitzen. Nach Beobachtungen handelt es sich hierbei um Stauungen an der Ablieferung der unteren Ablieferwalze, offenbar darauf zurückführbar, daß die von der Trommel abzunehmenden Materialmengen für den unteren Doffer zu gering waren.

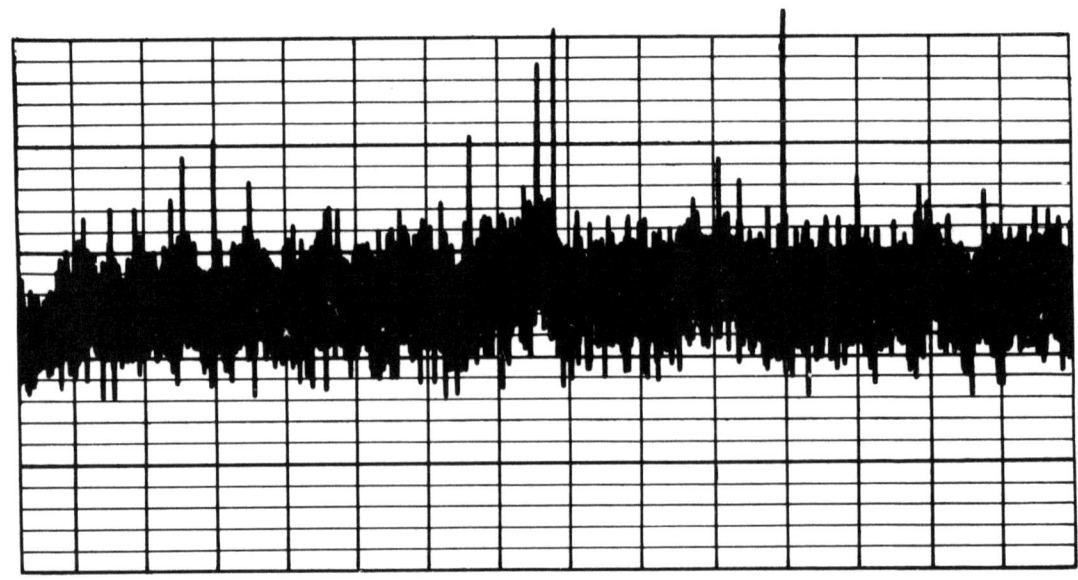

Diagramm 13
Handauflage

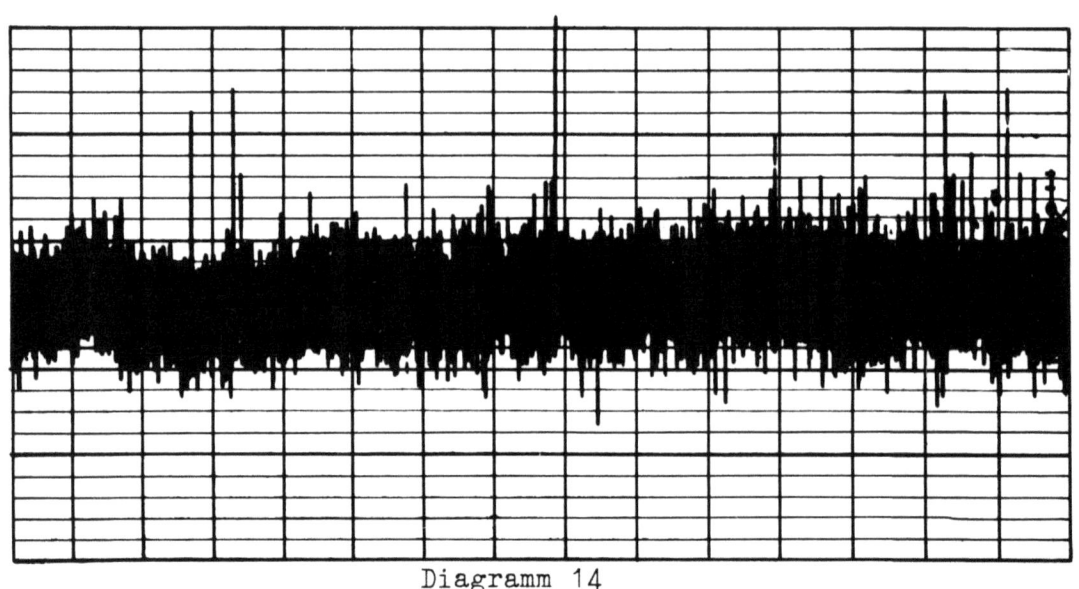

Diagramm 14
Bandvorlage

A b b i l d u n g   6
Ungleichmäßigkeiten von Kardenbändern, Flachs-Schwingwerg; 10 g/m

Ähnliche Diagramme erhielten wir bei allen Versuchen, die mit Handauflage ausgeführt wurden. Sie haben den Beweis erbracht, daß die vermeidbaren langwelligen und zufälligen Masseschwankungen, die - wie gezeigt wurde - häufig festzustellen sind, nicht auf die Arbeit der Karde selbst, sondern auf Fehler bei ihrer Beschickung, d.h. auf Mängel am Speiseapparat zurückgehen. Die kurzwelligen Masseschwankungen - ausgedrückt durch die Breite der Diagrammaufzeichnung - sind die natürliche Folge der zufälligen Faserverteilung und nach den Gesetzen der technischen Statistik nicht zu vermeiden. Ihre absolute Höhe und zufällig auftretende Spitzen können allerdings bedingt sein durch Fehler der Karde oder des Streckkopfes, worauf noch einzugehen sein wird.

Diagramm 14 in Abbildung 6 zeigt zusätzlich das Masseschwankungsdiagramm eines Kardenbandes, das aus Bandvorlagen hergestellt wurde, wie dies etwa bei gut vorkardiertem Material von Bandwickeln aus möglich wäre. Dieses Diagramm zeigt - wie nach den Versuchen mit Handauflage nicht anders zu erwarten - eine ausgezeichnete Gleichmäßigkeit in Bezug auf langwellige Streuung, allerdings auch einzeln auftretende Spitzen, deren Ursache bereits in den Stauungen am Doffer erkannt wurden.

Die nunmehr zu zeigenden Diagramme gehören zu Kardenbändern bei Einsatz des üblichen Speiseapparates, gefertigt also nach dem normalen Arbeitsverfahren, wie es auch bei der Herstellung der Bänder in eingangs gezeigten Diagrammen 1 - 12 angewandt wurde, nunmehr allerdings bei planmäßig vorgenommenen Einstellungen bzw. Verstellungen.

In Abbildung 7 zeigt Diagramm 15 die Masseschwankungen in einem Kardenband bei einem hinsichtlich der Hackerarbeit am Zuführlattentuch richtig eingestellten Speiseapparat. Der Verlauf der Masseschwankungen ist befriedigend. Es sind nur die bereits als charakteristisch erkannten 50 - 100 m-Schwankungen vorhanden, die also - wie jetzt gesagt werden kann - nachweislich vom Speiseapparat her in das Band hereingebracht werden und die bei der beschriebenen Handauflage nicht vorhanden waren. Langwellige Schwankungen und merkbare Abweichungen des Mittelwertes treten bei der guten Einstellung des Speiseapparates - wie in vielen ähnlichen Versuchen nachgewiesen werden konnte - nicht auf.

Das Bild ändert sich krass bei Nachlässigkeiten in der Einstellung der Hacker. Diagramm 16 und 17 zeigen z. B. die Auswirkungen bei Verstellung auch nur eines der Hacker, nämlich des unteren. Im Falle des Diagramms 16 streifte dieser Hacker zu wenig ab. Da auf diese Weise der Wiegevorrichtung ständig zu viel Material zugeführt wird, kann sie nicht in der in Abschnitt I beschriebenen Weise regelnd auf die Bewegung des Zuführlattentuches einwirken, so daß je nach Zusammenballung der Fasern am

Forschungsberichte des Wirtschafts- und Verkehrsministeriums Nordrhein-Westfalen

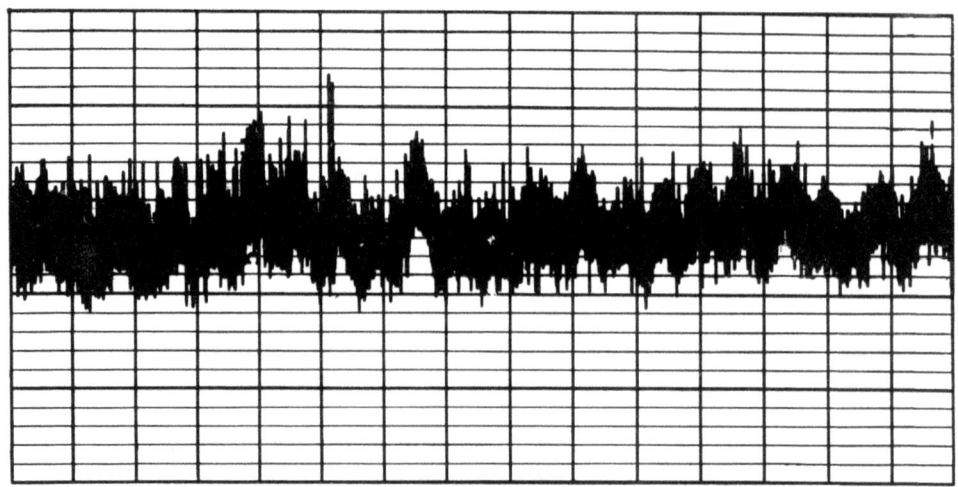

Diagramm 15

Hacker normal

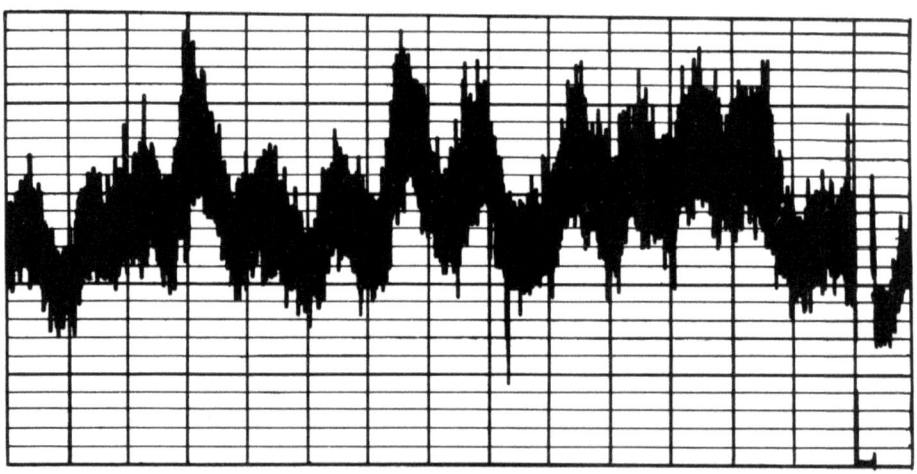

Diagramm 16

Hacker zu hoch

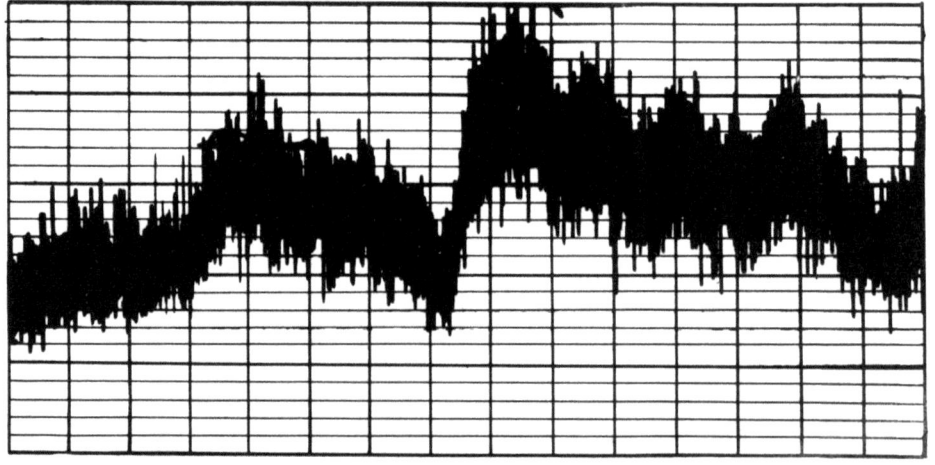

Diagramm 17

Hacker zu tief

A b b i l d u n g   7

Ungleichmäßigkeiten von Kardenbändern, Flachs-Schwingwerg; 10 g/m

Lattentuch sich dichtere und dünnere Auflagestellen ergeben, die sich im Kardenband als fast gleichmäßig wiederkehrende langwellige Masseschwankungen auswirken. Bei dem Kardenband gemäß Diagramm 17 wurde der Ausschlag des unteren Hackers so eingestellt, daß er zu viel Material vom Lattentuch abstreifte. In einem solchen Fall wird die Sperrklinke für den Antrieb des Zuführlattentuches meist außer Eingriff gehalten und die Wiegevorrichtung kann ebenso wie bei übermäßiger Materialzuführung eine regelnde Wirkung nicht ausüben, so daß auch in diesem Falle die Auflage mehr oder minder dem Zufall überlassen bleibt.

Zu starke Materialzuführung brachte eine Übersteigerung der typischen 50 - 100 m-Wellen, während bei der zu schwachen Materialzuführung langwellige Störungen im Verlauf des Mittelwerts auftraten.

Weitere Versuche galten - wie beschrieben - der Veränderung der Zeitintervalle für die Bewegung des Zuführlattentuches. Zu diesem Zweck wurde das Bolzenrad zusätzlich mit einem zweiten, wahlweise in Anwendung gebrachten Bolzen versehen, so daß es dadurch möglich wurde, mit Speiseintervallen von 5 und 10 s zu arbeiten. Durch entsprechende Verstellung der Sperrklinkenvorrichtung wurde erreicht, daß in beiden Fällen die Speisemenge je Zeiteinheit gleich blieb.

Die in Abbildung 8 enthaltenen Diagramme 18 und 19 zeigen die Masseschwankungen in Kardenbändern, von denen das zu Diagramm 18 gehörige mit einem Bolzen, entsprechend Zeitintervallen von 10 s und das zu Diagramm 19 gehörige mit zwei Bolzen, entsprechend Zeitintervallen von 5 s gefahren wurden. Charakteristische Unterschiede im Verlauf der Masseschwankungen in den Bändern sind nicht festzustellen, es sei denn, daß die Streubreite im Falle des Diagramm 19 - kürzere Speiseintervalle - etwas kleiner angenommen werden kann, was jedoch - wie bereits häufig gesagt - nicht zu den Hauptmerkmalen der angestrebten Gleichmäßigkeit gehört.

Es wird in der Literatur erwähnt, daß die Art der Füllung des Speisebehälters auch für die Gleichmäßigkeit der Bänder eine Rolle spielen kann. Die Bedienung wird in den Spinnereien sehr unterschiedlich gehandhabt. Zum Teil bleibt es dem Personal überlassen, in welchen Zeitabständen die Speiseapparate nachgefüllt werden. In anderen Betrieben sind diesbezüglich feste Vorschriften vorhanden.

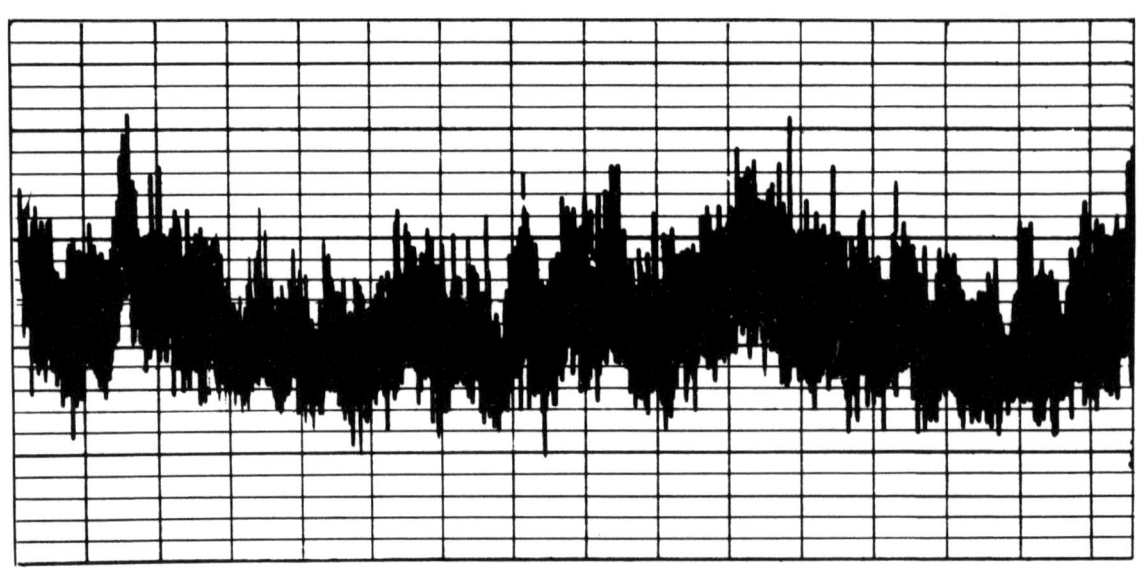

Diagramm 18

Speiseintervall: 10 s

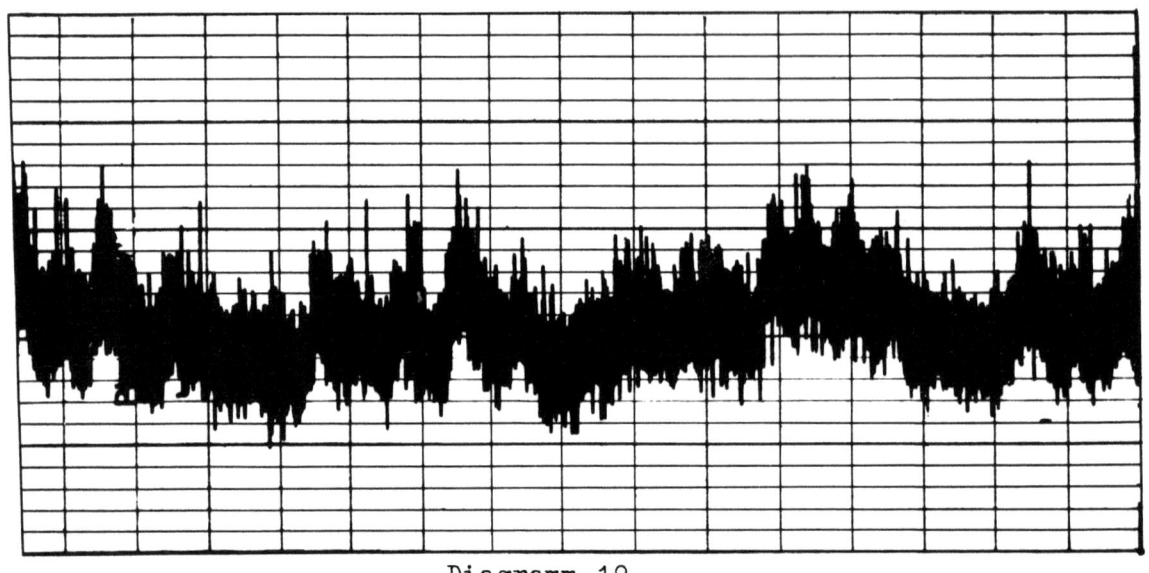

Diagramm 19

Speiseintervall: 5 s

A b b i l d u n g   8

Ungleichmäßigkeiten von Kardenbändern, Flachs-Schwingwerg; 10 g/m

In der Abbildung 9 sind die Masseschwankungsdiagramme von Kardenbändern enthalten, die mit verschiedenem Rhythmus der Füllung gefertigt worden sind. Bei dem Band gemäß Diagramm 20 wurde die Füllung der Arbeiterin überlassen. Ihre Tätigkeit - das Einlegen und zwischendurch ein Auflockern des Materials - wurde zeitlich erfaßt und nachträglich in das

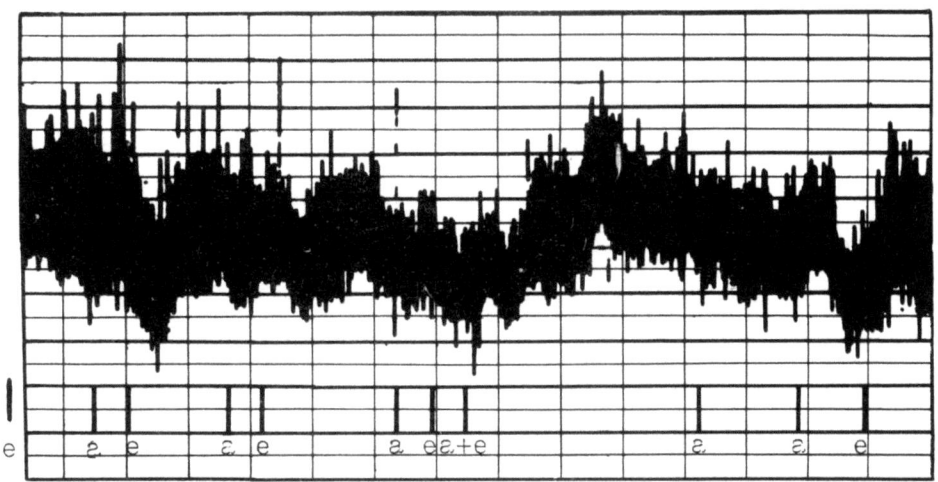

Diagramm 20

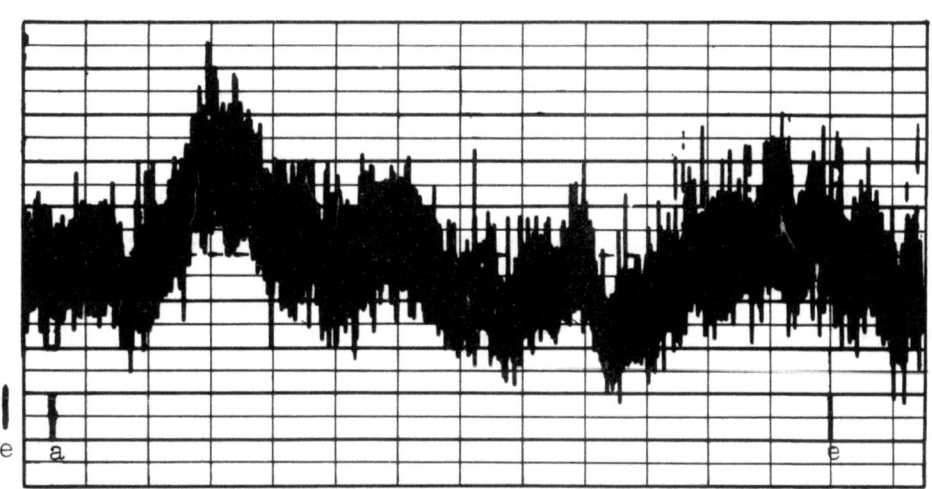

Diagramm 21

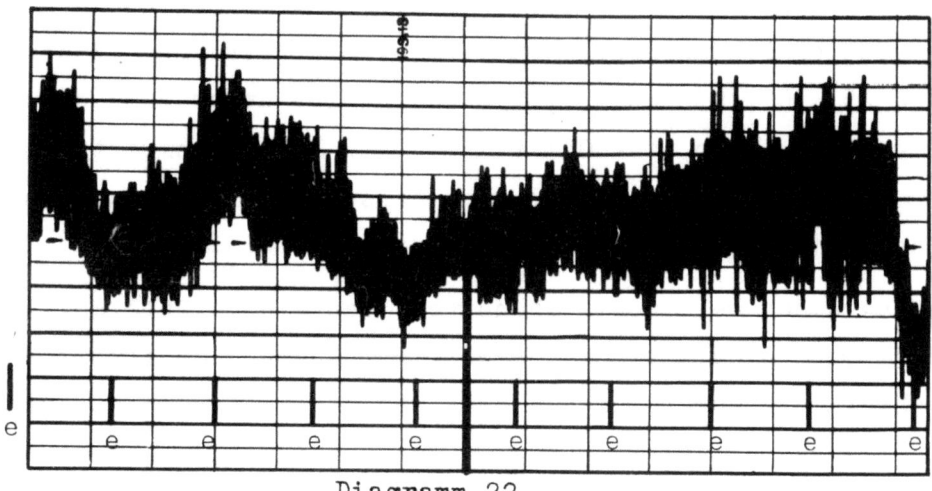

Diagramm 22

A b b i l d u n g 9

Ungleichmäßigkeiten von Kardenbändern, Flachs-Schwingwerg; 10 g/m

Forschungsberichte des Wirtschafts- und Verkehrsministeriums Nordrhein-Westfalen

Diagramm eingetragen[6]. Bei der Herstellung des Kardenbandes nach Diagramm 21 wurde der Speisekasten bis zum Rand mit Werg gefüllt und dieses fest eingedrückt. Die Füllmenge war so groß, daß der Kasten nur einmal und zwar kurz vor Erreichen der Klingellänge neu beschickt werden mußte. Diagramm 22 zeigt die Ungleichmäßigkeit eines Kardenbandes, bei dem die Speisung in genau gleichen, im Diagramm angegebenen Zeitabständen mit lockerem Werg erfolgt war. Wie die Gegenüberstellung der Diagramme zeigt, ist bei dem letztgenannten streng geregelten Füllen des Speiseapparates eine ins Gewicht fallende Verbesserung nicht erreicht worden. Es ist aber auch bei Diagramm 21 mit nur einmal erfolgter Füllung und demgemäß sehr unterschiedlicher Wergmenge im Kasten keine markante Verschlechterung des Kardenbandes zu erkennen. Eine Bestätigung des Gesagten ist auch darin zu sehen, daß das bei völlig regelloser Füllung erhaltene Band vergleichsweise die beste Gleichmäßigkeit aufweist.

Für diese Unabhängigkeit der erhaltenen Bandgleichmäßigkeit von der Füllung des Speisekastens ist allerdings eine einwandfreie Einstellung der Hacker offenbar Voraussetzung. Es erscheint durchaus denkbar, daß die bei verstellten Hackern größere Bandungleichmäßigkeit (vergl. Diagr. 16 und 17) durch eine nachlässige Bedienung des Kastenspeisers noch zusätzlich ungünstig beeinflußt wird.

Die Ergebnisse der mit verschiedener Auflagestärke durchgeführten Versuche sind aus den Bandungleichmäßigkeitsdiagrammen der Abbildung 10 ersichtlich. Die Diagramme sind unmittelbar vergleichbar, da - wie bereits geschildert - die unterschiedlichen Stärken durch Veränderung des Streckkopfverzuges jeweils ausgeglichen wurden. Sie betrugen bei den Diagrammen 23, 24 und 25 300, 430 und 585 g/m und hatten unter sich demzufolge ein Gewichtsverhältnis von etwa 0,7 : 1 : 1,35. Die Streckkopfverzüge waren 1,7, 2,4 und 3,4-fach. Normale Verhältnisse lagen bei Diagramm 24 vor. Die durchschnittliche Kardenausbeute betrug 75 %.

Aus den Diagrammen geht deutlich hervor, daß die leichte Auflage zu einer Verschlechterung hinsichtlich langwelliger Ungleichmäßigkeiten geführt hatte, während die kurzwelligen Schwankungen (Breite des Diagrammbandes) bei dem so hergestellten Band am kleinsten waren. Bei der normalen und

---

6. e: Einlegen; a: Auflockern

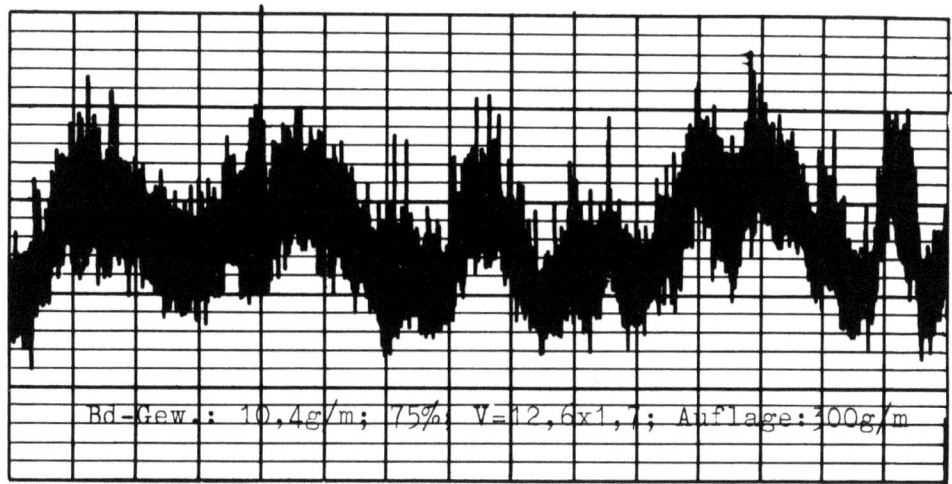

Diagramm 23

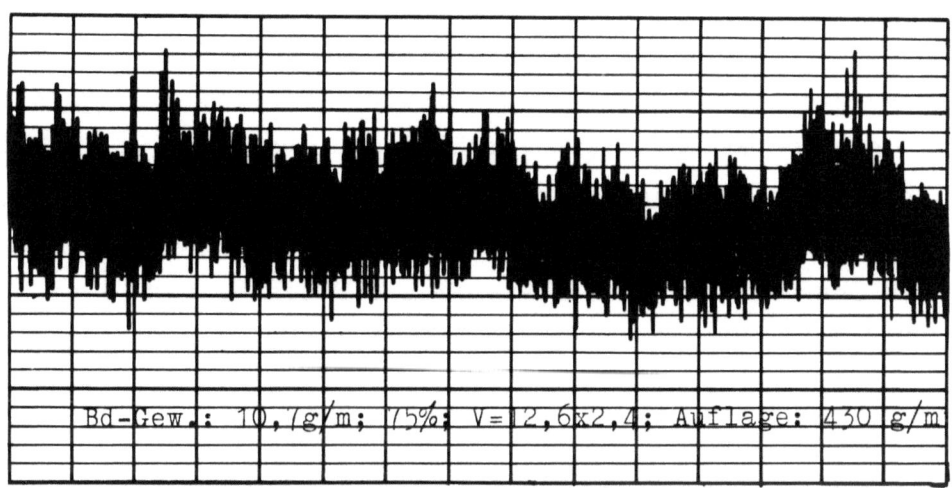

Diagramm 24

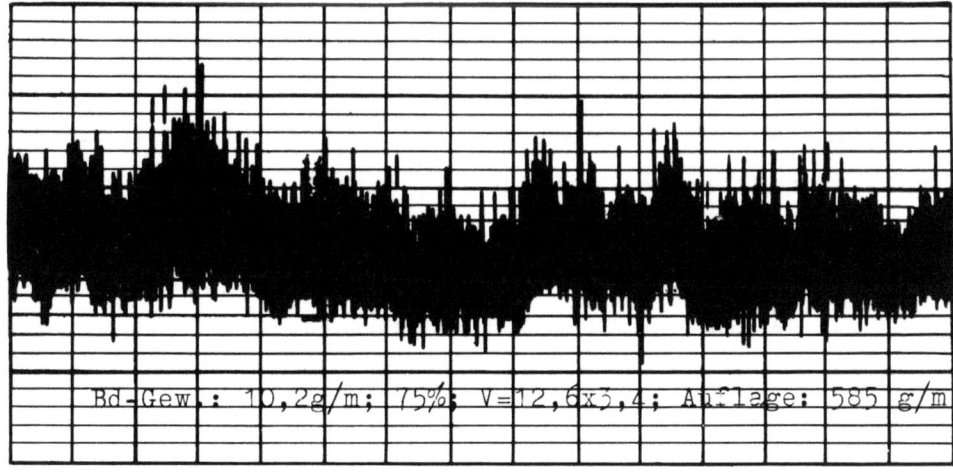

Diagramm 25

A b b i l d u n g 10

Ungleichmäßigkeiten von Kardenbändern, Flachs-Schwingwerg; 10 g/m

der verstärkten Auflage sind Unterschiede nicht festzustellen. In beiden Fällen haben die Diagramme Form und Aussehen, die von einwandfreien Kardenbändern erwartet werden müssen.

Eine Reihe von Versuchen ist mit unterschiedlichen Geschwindigkeiten von Speisetuch und Speisewalzen durchgeführt worden, die in der Veränderung des Kardenverzugs zum Ausdruck kamen. Wie bereits erwähnt, wurden hierzu verschiedene Karden und mehrere Werge bzw. Wergmischungen herangezogen. Der für diese Versuche angesichts des Interesses, welches der Frage der Faserbehandlung zwischen Speisewalzen und Trommel zugewandt wird, aufgebrachte Arbeitsaufwand hat sich in dem erwarteten Ausmaß nicht gelohnt. In Abbildung 11 zeigen die Diagramme 26, 27 und 28 die Ungleichmäßigkeit von Kardenbändern, die auf der bereits mehrfach besprochenen Seydel-Karde aus Flachsschwingwerg unter Anwendung eines 8,4, 12,6 und 20,0-fachen Kardenverzuges hergestellt wurden[7]. Wiederum handelt es sich also um verschieden schwere Auflagen (im Verhältnis 0,7 : 1 : 1,7), die aber diesmal nicht durch veränderte Streckkopfverzüge, sondern durch unterschiedliche Kardenverzüge ausgeglichen wurden, die ihrerseits eine Veränderung der Bearbeitungsintensität bei der Speisung der Karde mit sich brachten. Es ist schwer zu entscheiden, welchem Band hinsichtlich der Gleichmäßigkeit der Vorzug zu geben ist. Das Vergleichsergebnis scheint demjenigen analog zu sein, welches bei den vorbeschriebenen Versuchen mit unterschiedlichen Auflagestärken und Streckkopfverzügen erhalten worden ist. Die mittlere Einstellung von Speisegeschwindigkeit, Auflagestärke und Kardenverzug, die auch als normal anzusprechen ist, bringt den ruhigsten Gleichmäßigkeitsverlauf (Diagr. 27). Das Band mit dem kleinsten Verzug, damit der höchsten Speisegeschwindigkeit und der leichten Auflage, zeigt im Diagramm 26 die kleinste Breite des Streuungsbandes, also das geringste Ausmaß der kurzwelligen Schwankungen, dabei aber eine erhöhte Ungleichmäßigkeit auf längere Abschnitte. Es ist also ungünstiger zu beurteilen als das Band nach Diagramm 27. Die Verbesserung des Kardierens durch Verminderung des Verzuges bei der Kardenspeisung mag sich somit in Bezug auf Schonung der Faser und Erhöhung der Ausbeute auswirken, für die Gleichmäßigkeit des Bandes ist aber die veränderte Einstellung ungünstig. Dies ist aber nicht ursächlich auf die höhere Speisegeschwindigkeit

---

7. Verzug bei Speisung: 645, 970 und 1550-fach

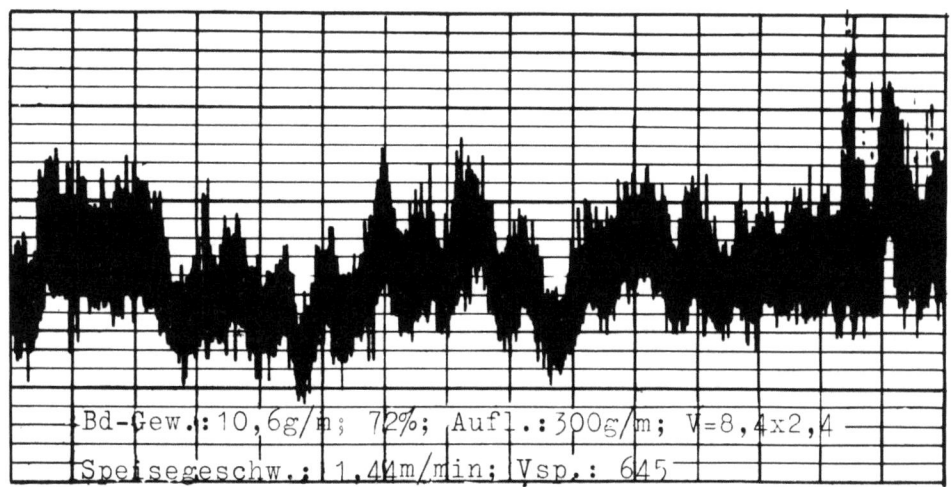

Diagramm 26

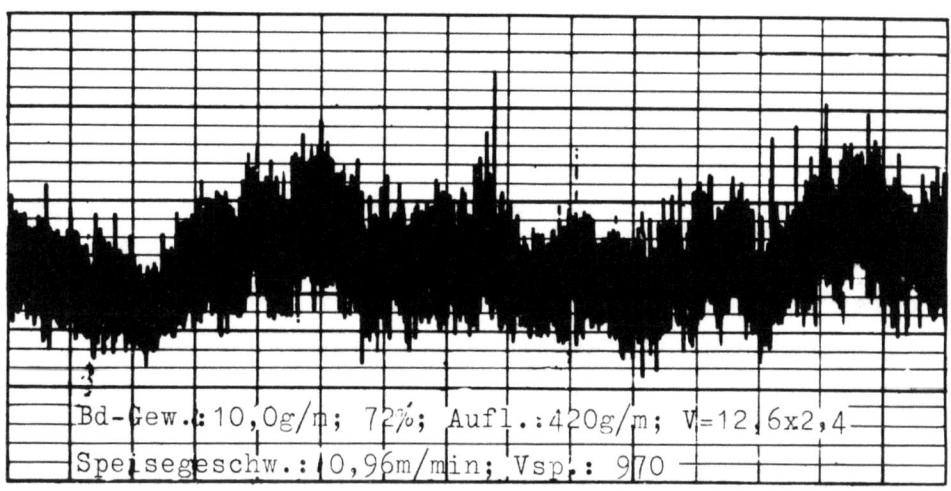

Diagramm 27

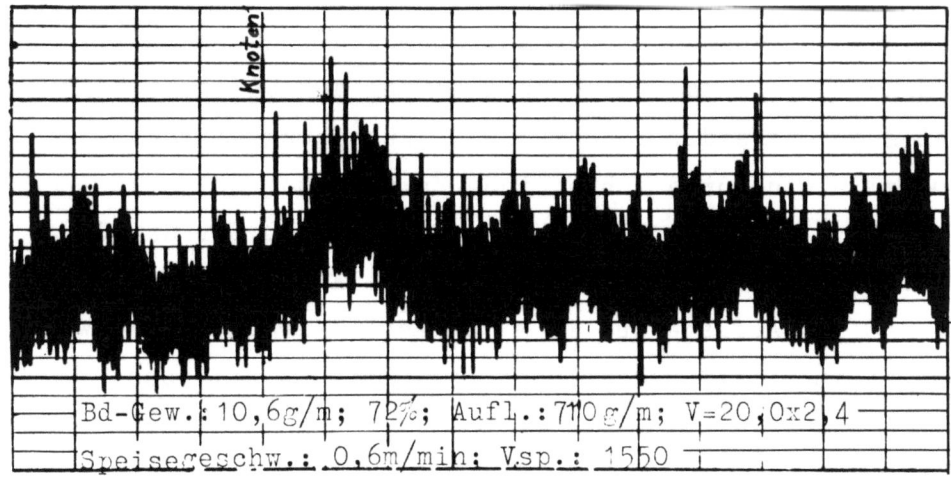

Diagramm 28

A b b i l d u n g 11

Ungleichmäßigkeiten von Kardenbändern, Flachs-Schwingwerg; 10 g/m

sondern auf die leichtere Auflage zurückzuführen, wodurch eine völlige Übereinstimmung mit den Ergebnissen der vorbesprochenen Versuchsreihe gefunden wird.

Ähnlich lassen sich auch die Resultate aller anderen diesbezüglich durchgeführten Vergleichsversuche zusammenfassen, von denen Abbildung 12 noch einmal die Kardenbanddiagramme von Versuchen zeigt, die auf einer Karde anderer Bauart mit Flachs-Hechelwerg durchgeführt worden sind. Es handelt sich hier wieder um Bänder, bei deren Herstellung außer einer Änderung der Speisetuchgeschwindigkeit auf die übrige Einstellung der Karde kein Einfluß genommen wurde, so daß die Diagramme als ein nochmals wiederholtes Beispiel dafür dienen können, zu welch einem Ausmaß an Bandungleichmäßigkeit eine unzureichende Einstellung führen kann. Die Bänder der Diagramme 29, 30 und 31 wurden mit 7,9-fachem, 11,7-fachem und 17,4-fachem Kardenverzug hergestellt, der durch Variation der Speisegeschwindigkeit verändert wurde. Bis auf die in Diagramm 30 ersichtlichen Spitzen, die auf nicht weiter kontrollierte Stauungen des Materials zurückgehen und in dieser Form bei den anderen Versuchen nicht festzustellen waren, somit nicht durch die Höhe des Verzuges bzw. der Speisegeschwindigkeit bedingt sein können, würde bei dem Vergleich der Diagramme in Abbildung 12 wiederum der mittleren Einstellung der Vorzug zu geben sein. Aber auch in dieser Versuchsreihe ergab sich das schmalste Streuband bei der leichteren Auflage mit dem kleinen Kardenverzug. Außerordentlich schlecht wirkt das Bild des mit hohem Verzug hergestellten Bandes nach Diagramm 31.

Zusammengefaßt ist demnach zu sagen, daß die Versuche mit verschiedener Auflagestärke, die einmal durch Veränderung des Streckkopfverzuges, das andere Mal durch veränderliche Kardenverzüge ausgeglichen wurde, wobei in letzterem Falle eine unterschiedliche Kämmwirkung zwischen Speisung und Trommel eintrat[8], keine überzeugenden Ergebnisse für den Vorteil der einen oder anderen Richtung gebracht haben. Eine mittlere Einstellung von 400 - 450 g/m Auflage und 12 - 14-fachem Kardenverzug, wie sie wohl in der Praxis im Mittel vorzufinden ist, liefert bei sonst einwandfreier

---

8. Nach der Formel von DORMAN und PRINGLE betrug die Variation der Kämmungszahl zwischen Speisewalzen und Trommel bei dem Versuch nach Abbildung 11 370.000 bei V = 8,4; 545.000 bei V = 12,6; 855.000 bei V = 20,0

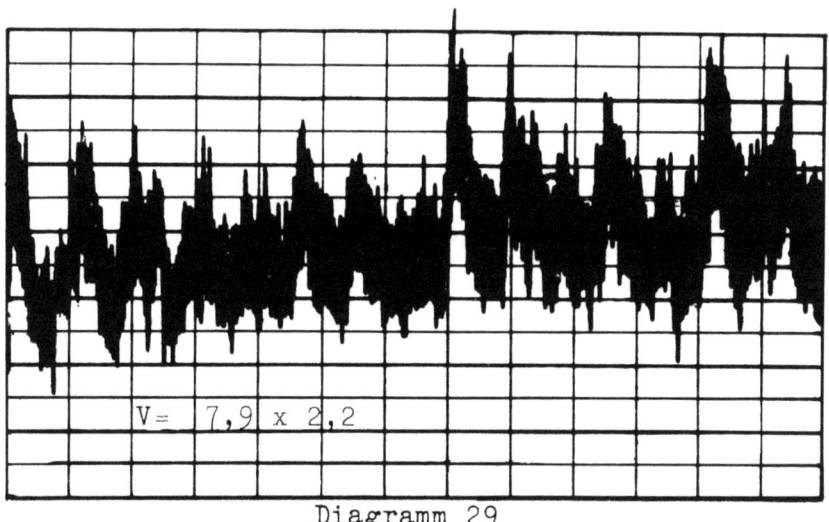
Diagramm 29

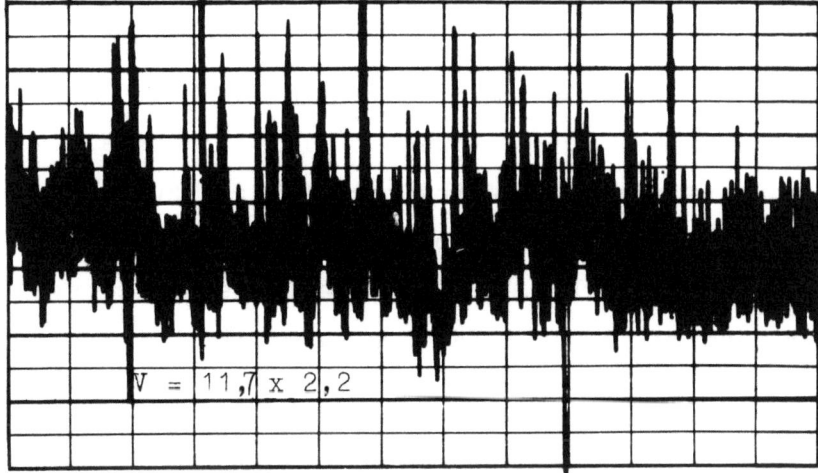
Diagramm 30

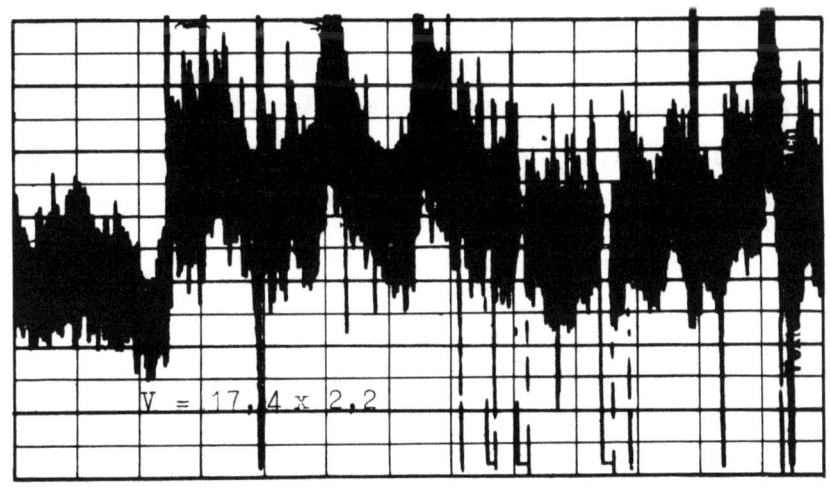
Diagramm 31

A b b i l d u n g   12

Ungleichmäßigkeiten von Kardenbändern, Flachs-Hechelwerg, 10 g/m

Einstellung von Speiseapparat, Karde und Streckkopf zufriedenstellende Ergebnisse.

Erwähnt sei die gemachte Erfahrung, daß bei den um 8-fach liegenden Verzügen stets eine um etwa 4 Prozentpunkte höhere Kardenausbeute gegenüber den mittleren Verzügen zu verzeichnen war. Bei weiterer Steigerung des Verzugs fiel ein Unterschied nicht mehr auf.

Gelegentlich der Versuche mit verschiedenem Kardenverzug wurde auch eine Versuchsreihe durchgeführt, bei der vorkardiertes Material auf der Feinkarde verarbeitet wurde. Der Vergleich der Gleichmäßigkeitsdiagramme der so hergestellten Bänder ergab keine erfaßbaren Unterschiede zu denen, die von Bändern aus nicht vorkardiertem Werg erhalten wurden. Dies läßt den Schluß zu, daß eine Auflösung - wie sie auf der Vorkarde geschieht - auf die Bandgleichmäßigkeit einen besonderen Einfluß nicht ausübt. Es kann darauf verzichtet werden, die Streuungsbilder der vorkardierten Bänder zu zeigen, da sie - wie erwähnt - Markantes nicht aufzuweisen haben[9]. Wie bereits berichtet, wurden auch Stapeldiagramme für die Faser verschieden kardierter Bänder hergestellt. Weder im Falle verschiedener Kardenverzüge noch - erstaunlicherweise - bei Bändern aus vorkardiertem und nicht vorkardiertem Material ließ sich ein ins Gewicht fallender Unterschied des mittleren Stapels bezw. der Stapelverteilung feststellen[10].

Um auch den Einfluß nachzuprüfen, den eine Veränderung der Arbeiter- und Wendergeschwindigkeiten auf die Ungleichmäßigkeit des Kardenbandes gegebenenfalls ausübt, wurden auf der Seydel-Karde Versuche mit unterschiedlichen Arbeiter- und Wenderdrehzahlen durchgeführt. Durch Verstellung der vorhandenen PIV-Getriebe wurden einmal die Umdrehungszahlen der Arbeiterwalzen von 5 auf 10 U/min, also um 100 % erhöht und einmal die Drehzahlen der Wenderwalzen von rd. 190 U/min., auf rd. 140 U/min., also um 25 % heruntergesetzt[11].

---

9. Nicht berührt wird natürlich durch diese Feststellung die verbesserte Reinigung des Materials durch die doppelte Kardierung, die sich allerdings in der wesentlich geringeren Ausbeute wiederspiegelt.

10. Es erhebt sich die Frage, ob die Anwendung eines Stapelziehapparates, bei dem ein Auskämmen der Fasern erforderlich ist, für technische Bastfasern als einwandfrei angesehen werden kann. In der Jutespinnerei werden - wie angegeben wird - derartig angefertigte Stapeldiagramme zu Vergleichen herangezogen.

11. Gemessen an der 1. Arbeiter- bzw. Wenderwalze

Die Diagramme der erhaltenen Kardenbänder aus mehrfach wiederholten Versuchen ergaben keine ausgeprägten Unterschiede hinsichtlich Umfang und Verlauf der Masseungleichmäßigkeit. Auf ihre Wiedergabe kann deshalb verzichtet werden.

Die auch bei diesen Versuchen registrierten Kardenausbeuten zeigen eine Tendenz, die der üblichen Vorstellung nicht entspricht. Bei der Grundeinstellung wurde die Kardenausbeute mit 72,5 % festgestellt. Die Verringerung der Wendertouren erbrachte eine nur in der Dezimale veränderte Ausbeute von 72,2 %, während sich bei der Erhöhung der Arbeitertouren eine Ausbeute von 68,0 % ergab. Verarbeitet wurde Flachsschwingwerg. Das beschriebene Ergebnis wurde gelegentlich einer zweiten Versuchsreihe überprüft, bei der die Normaleinstellung 76,0 %, die Einstellung mit erhöhter Arbeiterdrehzahl 73,8 % Kardenbandausbeute erbrachte.

Im allgemeinen wird angenommen, daß bei gleicher Trommeldrehzahl eine Erhöhung der Arbeiterdrehzahlen eine geringere Kardierwirkung und dementsprechend eine bessere Faserausbeute bedingt. Daß dies nicht immer der Fall zu sein braucht, zeigen die Versuchsergebnisse. Es finden sich auch in der Literatur Angaben[12], die besagen, daß eine Erhöhung der Arbeiterdrehzahl eine geringere Materialauflage auf den Walzen und eine intensivere Kämmwirkung zwischen Arbeiter und Wender, damit ein besseres Aufschließen des Faservlieses und eine geringere Kardenausbeute mit sich bringt.

Es verbleibt noch die Auswirkung des Streckkopfes auf die Ungleichmäßigkeit des abgelieferten Bandes in aufgenommenen Diagrammen zu zeigen. Die diesbezüglichen Versuche wurden mit Flachswergmischung auf einer Karde, Benadelungsdichte 5,6 N./cm^2 (36 N./inch^2), Kardenverzug 14,5-fach mit Pushbar-Streckkopf durchgeführt. Abbildung 13 enthält die Diagramme 32, 33 und 34. In Diagramm 32 sind die Aufnahmen von drei zusammengehörigen Abschnitten des von den Doffern abgezogenen, aufgeteilten und von den drei Ablieferwalzen dem Streckkopf zugeleiteten Faservlieses gezeigt. Diagramm 33 gibt die Ungleichmäßigkeit des auf dem Streckkopf verzogenen doublierten Bandes wieder. Endlich wird in Diagramm 34 gezeigt, wie die

---

12. Vergleiche SPRENGER S. 117 (Fußnote 4) nach MARSHALL-RECHENBERGER "Der praktische Flachsspinner"

Forschungsberichte des Wirtschafts- und Verkehrsministeriums Nordrhein-Westfalen

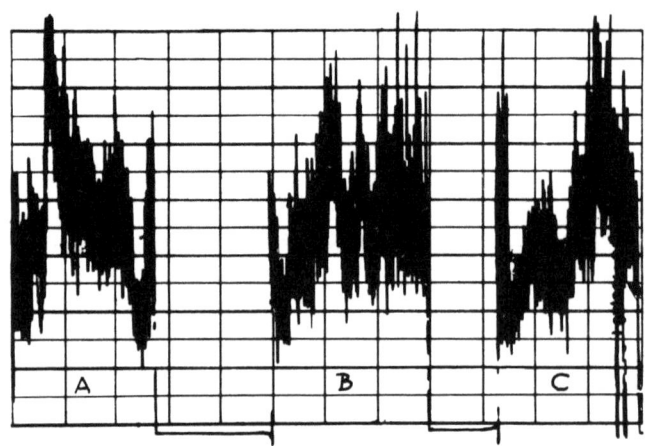

Diagramm 32
unverzogen, ungedoppelt

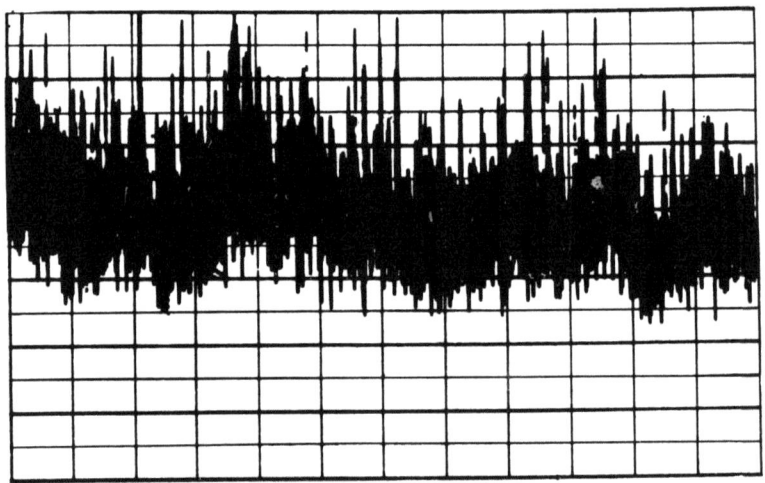

Diagramm 33
Pushbar-Streckkopf

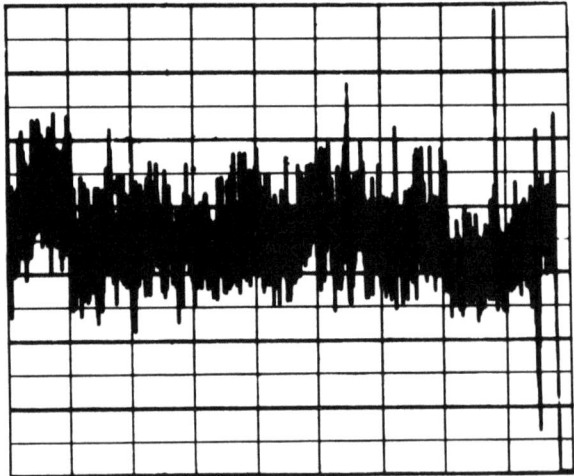

Diagramm 34
Spiral-Strecke

A b b i l d u n g 13
Ungleichmäßigkeiten von Kardenbändern, Flachswerg-Mischung; 10 g/m

wie die Ungleichmäßigkeit des Bandes ausfällt, wenn statt des Streckkopfes für Verzug und Dopplung eine Spiralstrecke verwendet wird. Der Verzug auf dem Pushbar-Streckkopf war 2,3-fach, die Abliefergeschwindigkeit 30 m/min. Auf der Strecke konnte äußerst nur ein 3-facher Verzug eingestellt werden. Die Abliefergeschwindigkeit betrug 14,2 m/min. Diagramm 33 zeigt bei zufriedenstellender Einhaltung des Mittelwertes außerordentlich hohe Spitzen, die offenbar auf die Unzulänglichkeit der Nadelführung im Streckkopf hindeuten. Das auf der Spiralstrecke verzogene und gedoppelte Band hat trotz des dort angewandten höheren Verzuges und damit der größeren Feinheit eine wesentlich bessere Beschaffenheit. Die Spitzen sind seltener und wesentlich weniger ausgeprägt.

Der Vergleich zeigt, daß ein einwandfreies Arbeiten des Streckkopfes bzw. eine gute Führung der Faserbänder spürbar zur Verbesserung der Kardenbandungleichmäßigkeit führen kann, wenn sich dies auch offenbar nur auf kurzwellige Schwankungen auswirkt, für welche die Möglichkeit eines Ausgleichs bei den weiteren Passagen eher gegeben ist. Dennoch ist die Ansicht, daß es beim Streckkopf weniger darauf ankommt, in welchem Zustand er sich befindet und wie alt bzw. wie zweckmäßig seine Konstruktion ist - wie das Vergleichsergebnis zeigt - als grundsätzlich verfehlt anzusehen.

Zur Darlegung des Einflusses mehr oder weniger großer Ungleichmäßigkeit der Kardenbänder auf die Masseschwankungen in den Streckenbändern und die Gleichmäßigkeit des Enderzeugnisses diente die Auswertung von Verarbeitungsversuchen mit verschiedenen Kardenbändern, die aus einer Wergmischung, bestehend aus 5/6 Schwingwerg und 1/6 Hechelwerg, auf der Seydel-Karde hergestellt wurden. Dabei wurde auch die Möglichkeit der Einsparung von Streckpassagen bei guter Kardenbandgleichmäßigkeit untersucht. Kardenbänder mit guter und schlechter Gleichmäßigkeit wurden - wie bereits in Abschnitt III beschrieben - sowohl über ein System mit 4 Strecken und Gillspinnmaschine mit insgesamt 192-facher Dopplung und 7630-fachem Verzug sowie nur über 2 Strecken und Gillspinnmaschine mit 8-facher Gesamtdopplung und 252-fachem Gesamtverzug zu Gillgarn Nm 3,6 verarbeitet.

Das ungleiche Verhältnis zwischen Gesamtverzug und Gesamtdopplung in den beiden Verarbeitungsfällen, das aus betrieblichen Gründen nicht ausgeglichen werden konnte, bedingte, daß die Kardenbänder für die Verarbeitung nach dem Kurzspinnverfahren um rund 20 % leichter gehalten werden mußten. Insofern bedeutet die Gegenüberstellung ihrer Massediagramme eine gewisse Unkorrektheit, die jedoch den aufzuzeigenden Zusammenhang nicht berührt.

Abbildung 14 zeigt die Masseschwankungsdiagramme 35 für ein einwandfreies Kardenband und 36 für das Band der 4. Strecke (Normalspinnplan), Abbildung 15 die Diagramme 37 für ein ebenfalls einwandfreies Kardenband und 38 für das Endband nach nur zwei Streckpassagen (Kurzspinnverfahren). Die Diagramme 36 und 38 gehören zu gleich schweren Bändern und sind deshalb unmittelbar miteinander vergleichbar. Es ist ersichtlich, daß bei Vorliegen eines gleichmäßigen Ausgangsbandes ein Durchgang durch zwei Strecken vollständig ausreicht, um ein einwandfreies Vorlageband für die Gillspinnmaschine zu erhalten, das eher noch gleichmäßiger erscheint als das im Normalspinnverfahren gewonnene Endband.

Im Gegensatz dazu sind in den Abbildungen 16 und 17 die Verhältnisse für ein ungleichmäßiges Kardenband (Diagr. 39 und 41) gezeigt. Weder im Falle des Normalspinnverfahrens (Abb. 16) noch beim Kurzspinnverfahren (Abb. 17) sind die Feinstreckenbänder (Diagr. 40 und 42) einwandfrei. In beiden Fällen sind im Garn Nummernschwankungen zu erwarten. Diagramm 40 zeigt eine Unstetigkeit hinsichtlich des Mittelwertes, Diagramm 42 unkontrollierbare Schwankungen.

Damit kann als erwiesen gelten, daß bei Einsatz von Kardenbändern, deren Materialschwankungen in einem engen Rahmen gehalten werden, Kurzspinnverfahren mit geringen Dopplungszahlen möglich sind. Demgegenüber ist bei ungleichmäßigen Kardenbändern ein einwandfreies Spinnergebnis auch bei hohem Aufwand an Dopplungen und Passagen nicht gewährleistet.

Bei der Prüfung der Garnfestigkeiten und deren Streuungen haben sich irgendwelche besonderen Gesichtspunkte nach der einen oder der anderen Richtung nicht ergeben, was an sich auch nicht zu erwarten war, denn im Bereich der kurzwelligen Schwankungen zeigten auch die Diagramme der Feinstreckenbänder kaum Unterschiede.

Dieses bestätigt sich auch bei der Auswertung der Wägungen verschieden langer Prüfabschnitte der nach den oben angegebenen Spinnplänen gesponnenen Gillgarne. In der Abbildung 18 sind die Abhängigkeitskurven der Masseungleichmäßigkeit - V - in Abhängigkeit von der Länge der Prüfabschnitte

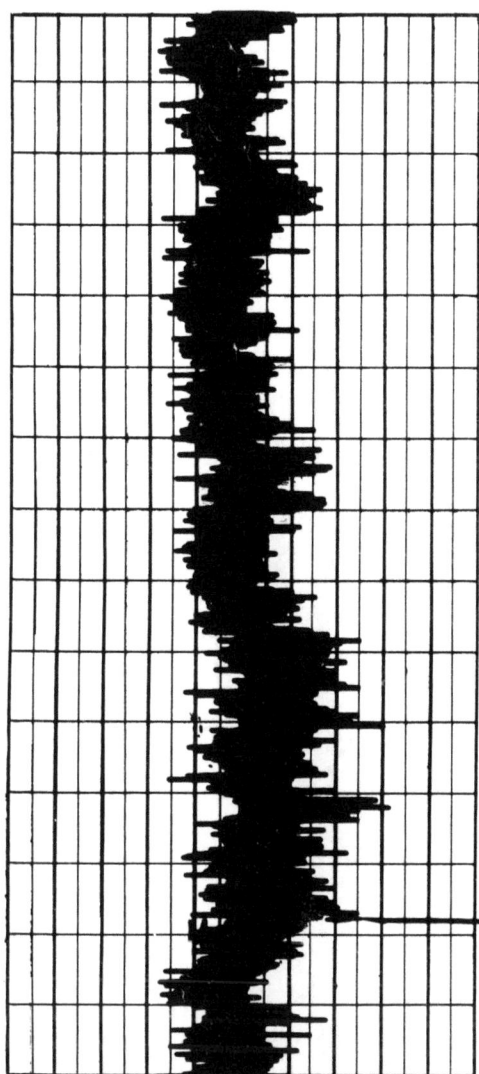

Diagramm 35
Kardenband

In den Abbildungen 14 - 17 entspricht die Ablesung der Diagramme von oben nach unten der Ablieferung der Karde bzw. Strecke

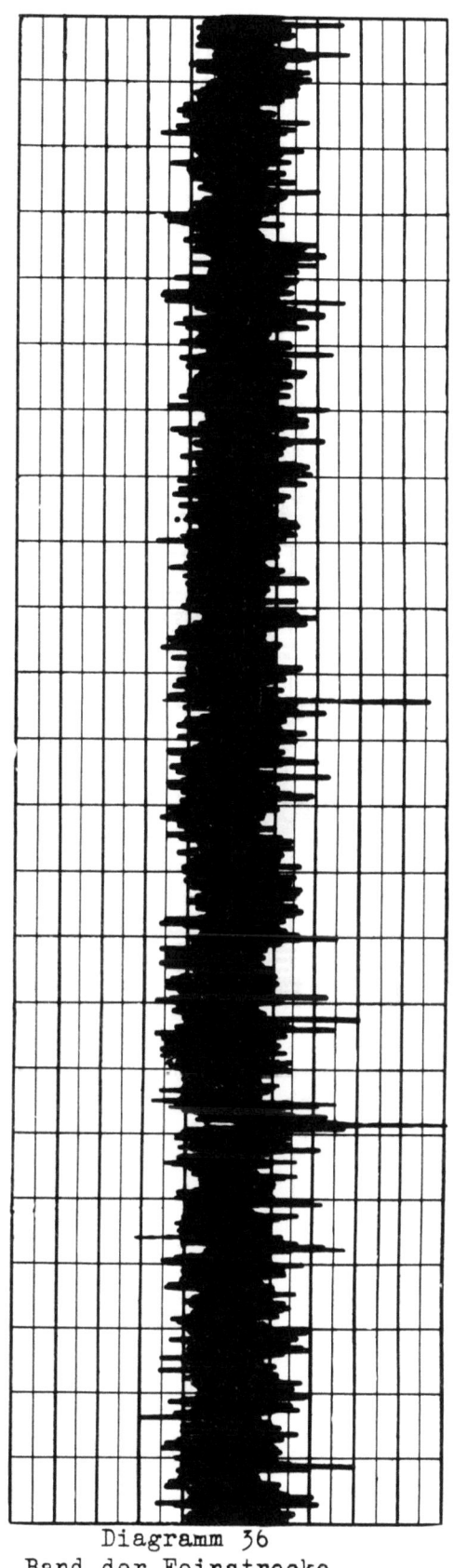

Diagramm 36
Band der Feinstrecke

A b b i l d u n g   14
Verarbeitung von Kardenbändern, gleichmäßiges K.-band; Normalspinnplan

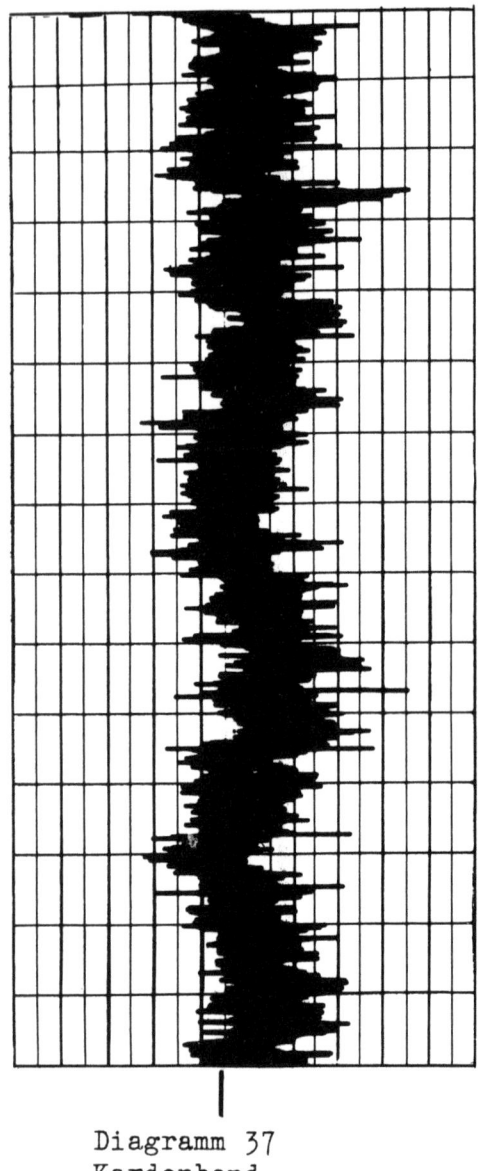
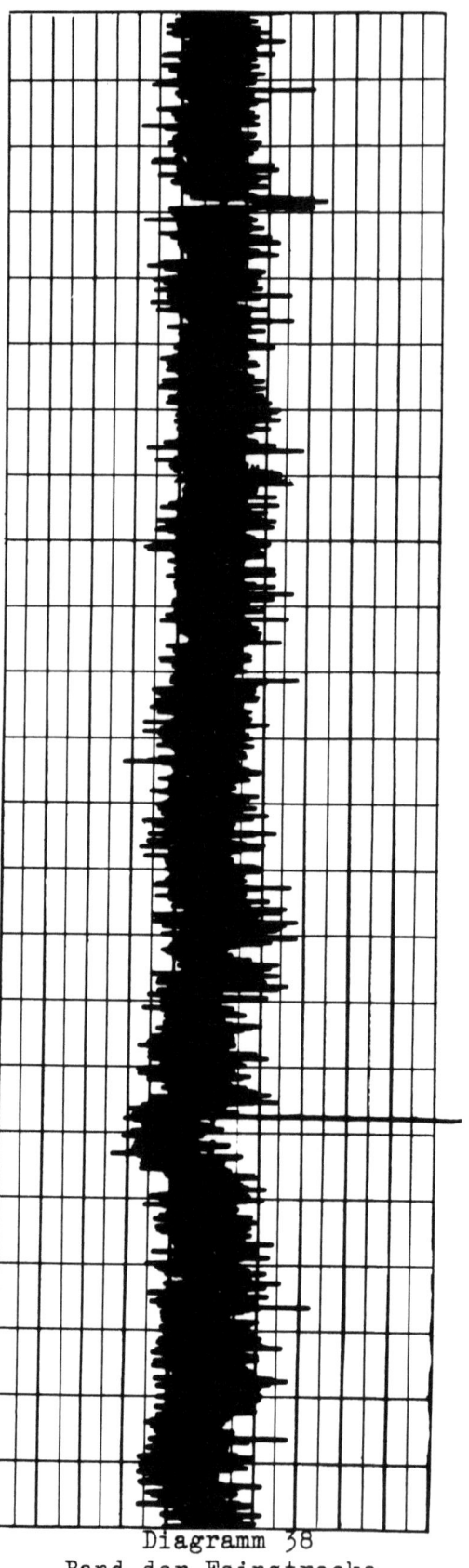

Diagramm 37
Kardenband

Diagramm 38
Band der Feinstrecke

A b b i l d u n g 15
Verarbeitung von Kardenbändern, gleichmäßiges K.-band; Kurzspinnplan

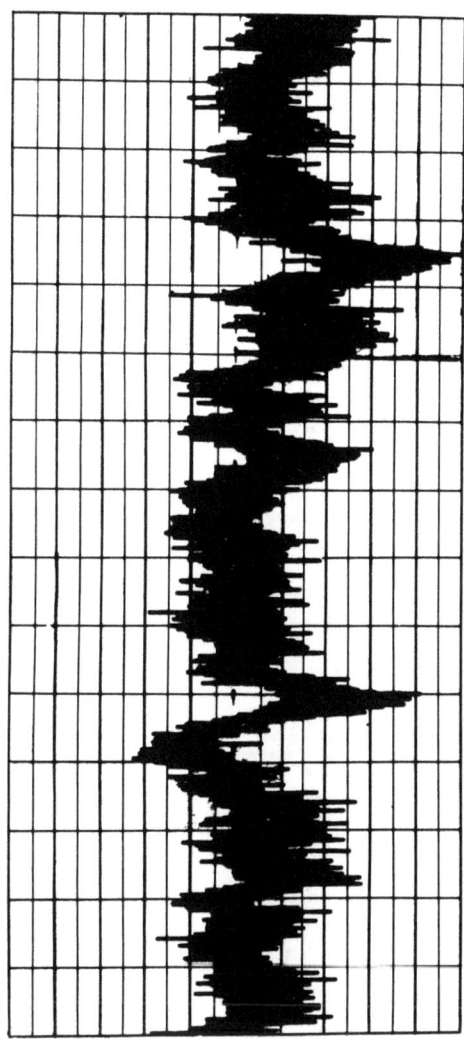

Diagramm 39
Kardenband

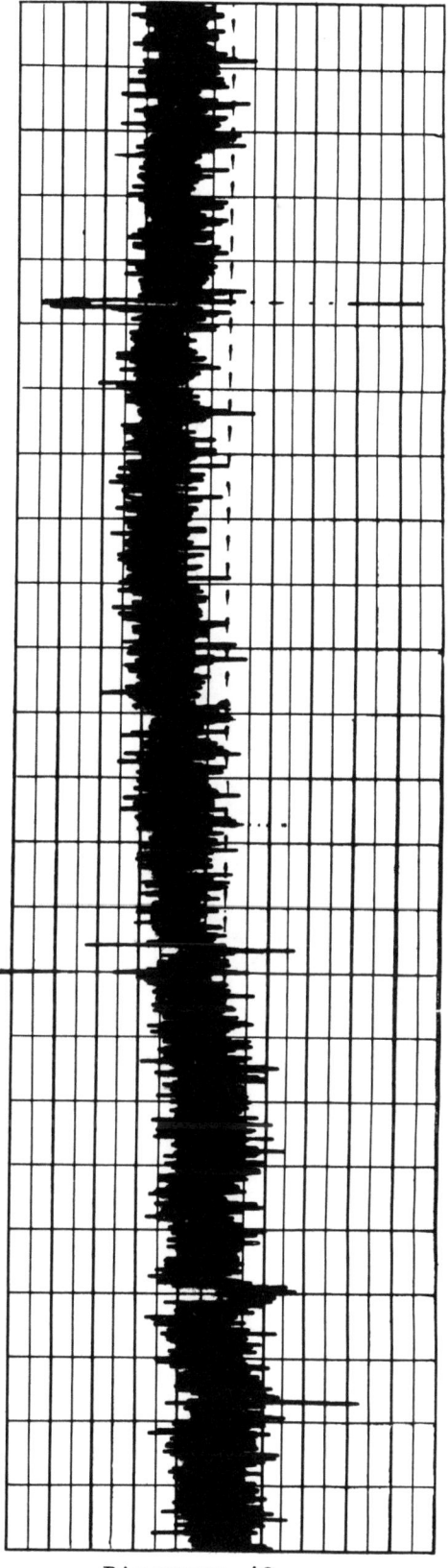

Diagramm 40
Band der Feinstrecke

Abbildung 16
Verarbeitung von Kardenbändern, ungleichmäßiges K.-band; Normalspinnpl.

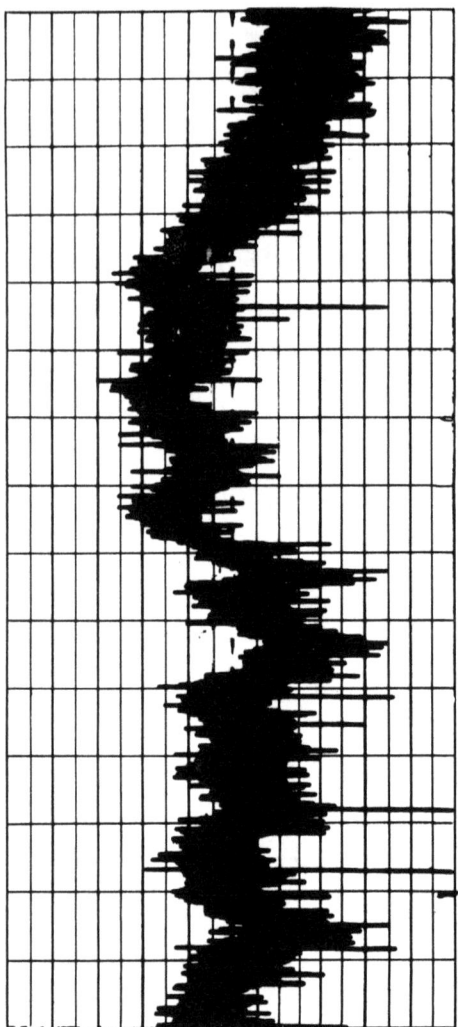
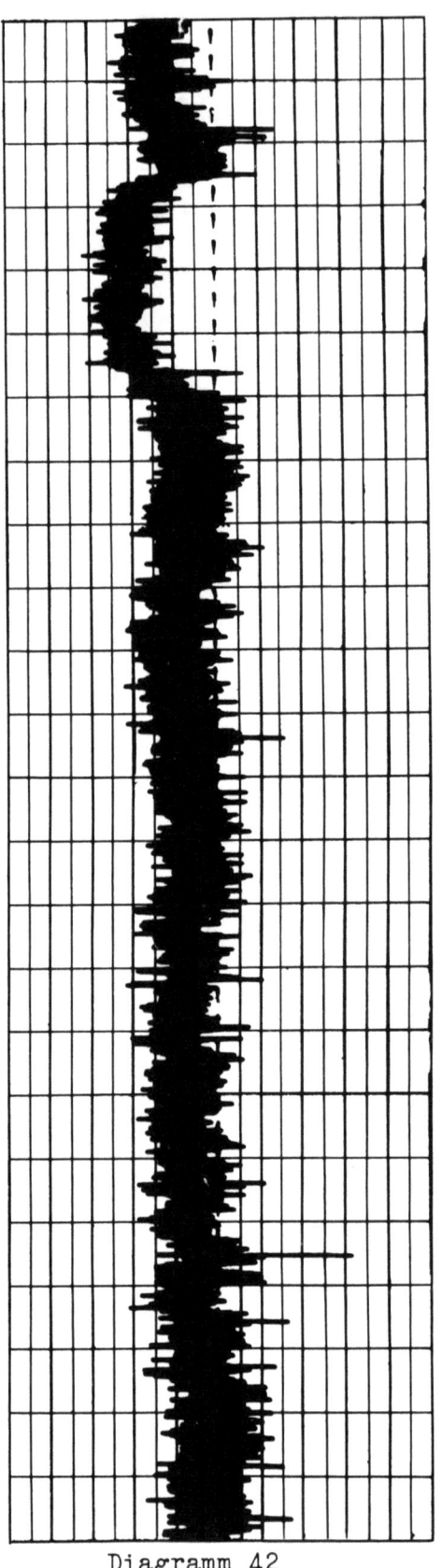

Diagramm 41
Kardenband

Diagramm 42
Band der Feinstrecke

A b b i l d u n g   17
Verarbeitung von Kardenbändern, ungleichmäßiges K.-band; Kurzspinnplan

im doppellogarithmischen Maßstab dargestellt[13], und zwar für folgende Verhältnisse:

1. ungleichmäßiges Kardenband und Normalspinnplan mit hoher Dopplung,
2. ungleichmäßiges Kardenband und Kurzspinnplan mit geringer Dopplung,
3. gleichmäßiges Kardenband und Kurzspinnplan mit geringer Dopplung.

Die Längenvariationskurven verlaufen bei Garnen, die in allen Längen der Prüfabschnitte unverändert gleichmäßig sind, nach den Gesetzen der technischen Statistik in grader Linie abfallend. Je steiler der Abfall, desto besser ist das Garn. Abweichungen von der graden Linie im Sinne höherer Variationskoeffizienten bringen zum Ausdruck, daß in dem zugehörigen Längenbereich zusätzliche Ungleichmäßigkeiten auftreten.

Die Betrachtung und der Vergleich der Schaulinien in Abbildung 18 geben eine gute Bestätigung der bisherigen Feststellung, daß ungleichmäßige Kardenbänder die Gefahr bleibender Masseschwankungen auf große Prüflängen (Nummernschwankungen) in sich tragen, es sei denn, daß sie durch eine ausreichende Zahl der Dopplungen abgewendet wird, wenngleich auch diese Maßnahme - wie gezeigt wurde - nicht in allen Fällen von ausreichender Wirkung ist.

Auf kurze Längen - 0,1 und 1 m - sind die Variationskoeffizienten der nach den drei Verfahren gesponnenen Garne praktisch gleich. Die Differenzen in den Werten des Variationskoeffizienten stellen keine echten Unterschiede dar. Statistisch gesicherte Abweichungen sind hingegen nach den größeren Schnittlängen hin feststellbar, besonders auffällig bei 50, 500 und 1000 m Länge. Während sich die Garne 1 und 3, d.h. aus ungleichmäßigem Ausgangsband mit großer Dopplung und aus gleichmäßigem Band nach dem Kurzspinnverfahren gesponnen, mehr oder weniger ähnlich verhalten, wobei der Vorzug dem "kurzgesponnenen" Garn zu geben ist, weicht das Garn 2, aus dem ungleichmäßigen Kardenband mit herabgesetzter Dopplungszahl gesponnen, erheblich von dem anzustrebenden Verhalten der Längenvariationskurve ab und hat erhebliche Gewichts- bzw. Masseschwankungen bei großen Prüflängen (Nummernschwankungen).

---

13. Derartige Kurven werden in der technischen Statistik Längenvariationskurven (CBL-Kurven) genannt

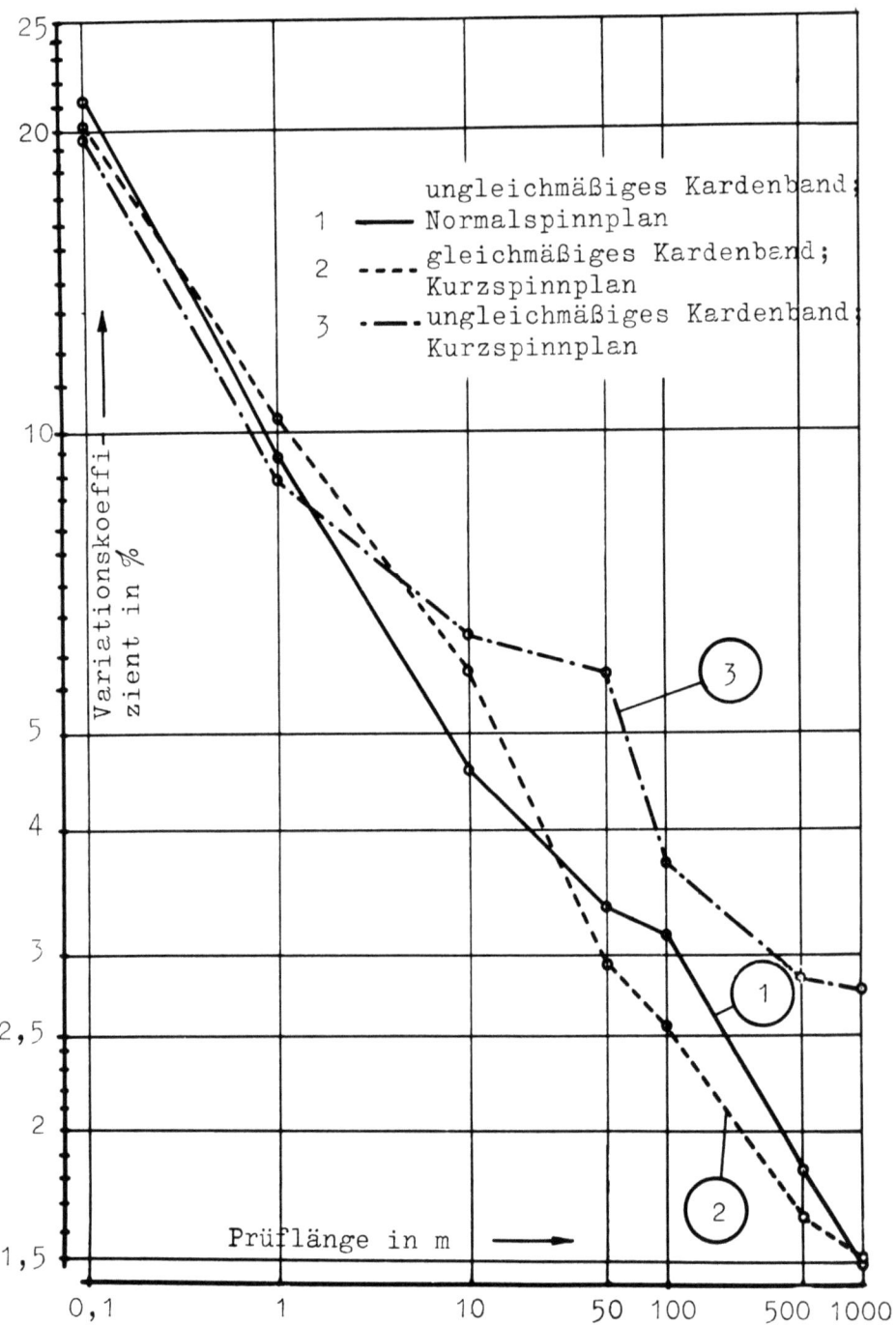

A b b i l d u n g 18
Längenvariationskurven
Flachswerg - Gillgarn Nm 3,6

Die Abbildungen 14 - 18 enthalten keineswegs alle in diesem Zusammenhang aufgenommenen Diagramme und getroffenen Feststellungen. Es kann aber gesagt werden, daß auch die Ergebnisse darüber hinaus durchgeführter Versuche - es wurde auch noch ein Schwingwerg ohne Mischung unterschiedlichen Spinnverfahren unterworfen - übereinstimmend auszulegen waren.

V. Verbesserung der Kardenbandgleichmäßigkeit

Die durchgeführten Untersuchungen und ihre Ergebnisse ermöglichen Hinweise auf die Ursachen auftretender Kardenbandungleichmäßigkeiten und auf die Möglichkeit ihrer weitgehenden Ausschaltung.

Eine gleichmäßige Speisung der Karde wurde als ein ausschlaggebend wirksames Mittel zur Erzielung fehlerfreier Kardenbänder erkannt. Sie hängt zusammen mit einem einwandfreien Arbeiten des Kardenspeiseapparates, dessen Funktionen streng überwacht und mit dem verarbeiteten Material in Übereinstimmung gebracht werden müssen. Dazu gehören auch in der Praxis gelegentliche Überprüfungen der Bänder auf dem Wege von Gleichmäßigkeitsuntersuchungen und eine laufende Kontrolle der Speiser durch das Aufsichtspersonal, das über die Auswirkungen von Verstellungen an den einzelnen Elementen unterrichtet sein muß.

Was die Arbeit des Speiselattentuches und der Hacker anbetrifft, so wurde die Erfahrung gemacht, daß jene Einstellung als zweckmäßig zu gelten hat, bei der die Muldenwaage gleichmäßig pendelt und bei jedem Speiseimpuls derart regelnd eingreift, daß Stillstands- und Laufzeiten des Speiselattentuches sich etwa ausgleichen.

Eine Vereinfachung bei der Herstellung gleichmäßiger Kardenbänder, gegebenenfalls auch eine Erhöhung der Gleichmäßigkeit über das derzeit erreichbare Maß hinaus erscheint möglich bei Austausch der jetzigen Muldenwiegeeinrichtung durch eine Direktwaage. Der Nachteil der ersteren besteht darin, daß sie nur bei zu geringer Auflage anspricht und daß dieses Ansprechen mit einer Verzögerung gegenüber der Materialzuführung erfolgt. Dadurch entsteht die Gefahr einer Übersteigerung bei der angestrebten Kompensation zu leichter Auflage. Auf zu schwere Auflage vermag die heutige Wiegeeinrichtung ausgleichend nicht zu reagieren.

Wenn auch bei der weiter oben angegebenen richtigen Einstellung die letzterwähnten Nachteile nicht in Erscheinung zu treten brauchen, würde eine

Direktwiegeeinrichtung, d.h. eine Vorrichtung, die in gleichen Zeitabständen das Speisetuch mit gleich abgewogenen Materialmengen beschickt, für die Gleichmäßigkeit der erzielten Bänder von Vorteil sein. Eine solche Einrichtung würde die Sicherheit bringen, daß entsprechend der Wiegegenauigkeit weder ein bestimmtes Mindest-, noch ein bestimmtes Höchstgewicht bei der Auflage unter- bzw. überschritten wird. In welchen Grenzen die einzuhaltende Toleranz bei langfaserigem Material, wie es auf Bastfaserkarden verarbeitet wird, zu halten ist, kann ohne praktische Versuche in dieser Richtung nicht vorausgesagt werden. Das TWB-Bastfaser wird versuchen, hierüber Klarheit zu schaffen.

Wie beschrieben, hat die Veränderung der Speisewalzengeschwindigkeit im Sinne der angestrebten Verringerung der Faserbeanspruchung beim Eintritt in die Karde für die Verbesserung der Gleichmäßigkeit keine Erfolge erbracht. Die heute als normal geltenden Auflagen und Geschwindigkeiten hatten in dieser Beziehung das beste Ergebnis. In diesem Licht gewinnen die erwähnten Vorschläge, die Beanspruchung der Faser bei der Speisung durch Aufteilung des dort stattfindenden Verzuges bzw. Zwischenschaltung von Elementen mit mittleren Geschwindigkeiten an Bedeutung[14].

Die gemachten Hinweise beziehen sich auf die gefährlichen langwelligen Gleichmäßigkeitsschwankungen im Kardenband. Was die Massestreuung in kurzen Abständen anbetrifft, so ist auf die häufig festgestellten hohen Spitzen in den Kardenbanddiagrammen hinzuweisen, als deren Ursache von uns Stauungen zwischen dem unteren Doffer und dem Ablieferzylinder erkannt wurden. Derartige Stauungen treten in Erscheinung, wenn bei der Faserablieferung des unteren Doffers Lücken dadurch entstehen, daß die Faserentnahme des oberen Doffers aus der Trommel zu groß ist. Es ist hier also darauf zu achten, daß die Einstellung der Doffer der Faserauflage entspricht.

Einen erheblichen Anteil an den Ursachen der kurzwelligen Ungleichmäßigkeiten hat der Streckkopf. Die meisten alten Modelle, vielfach mit nicht einwandfreien Stäben bestückt, bringen Masseschwankungen, die bei der

---

14. Verwiesen sei in diesem Zusammenhang neben den in Abschnitt I genannten Vorschlägen aus der Fachliteratur auf die diesbezüglichen Anregungen des Spinnereidirektor a. D. EGELER

Verwendung moderner Konstruktionen mit gesicherter Stabführung und bei einer auch den Streckköpfen zukommenden Sorgfalt der Wartung und Bedienung vermieden werden können.

Aus den Gleichmäßigkeitsdiagrammen der Kardenbänder ergeben sich - wie mehrfach in diesem Bericht festgestellt wurde - charakteristische Spitzen in Abständen von 2 - 10 m und Mittelwertsschwankungen in Abständen von 50 - 100 m. Ihre Ursache ist - auch dies wurde gezeigt - in der unzulänglichen Arbeitsweise des Streckkopfes bzw. des Kardenspeiseapparats zu suchen. Der Umstand, daß sie nicht periodisch, sondern innerhalb der angegebenen Grenzen willkürlich auftreten, verhindert die Feststellung ihrer eigentlichen Ursachen.

VI. Zusammenfassung

Untersuchungen zur Feststellung <u>der Ursachen von Masseschwankungen in Kardenbändern</u> wurden an Karden verschiedener Bauart und in mehreren Betrieben durchgeführt, wobei <u>Speiseapparat</u>, <u>Karde</u> und <u>Streckkopf</u> unter Abänderung der Einstellungen ihrer Arbeitsorgane mit verschiedenen Rohmaterialien (Flachsschwingwerge, Flachshechelwerge, Hanfwerge, Wergmischungen und Zellwolle) beobachtet wurden.

Die bei den erwähnten Versuchen erhaltenen Kardenbänder wurden auf dem <u>Gleichmäßigkeitsprüfer "Textronograph"</u> untersucht und die Masseschwankungen mittels eines angeschlossenen Schreibgeräts in Diagrammen aufgenommen. Um vergleichbare Diagramme zu erhalten, wurde bei allen Versuchen das Kardenbandgewicht konstant gehalten.

Durch eine gleichmäßig ausgewogene, in beschriebener Weise sorgfältig durchgeführte <u>Handauflage</u> entstanden Kardenbänder von <u>einwandfreier Gleichmäßigkeit</u> in Bezug auf lange Streuungswellen.

Aber auch ein <u>Speiseapparat mit zweckmäßiger Einstellung</u> bringt Bänder mit <u>zufriedenstellender Masseverteilung</u>. Unrichtig eingestellte Hacker erzeugen <u>erhebliche Ungleichmäßigkeiten.</u>

Als <u>günstigste Einstellung</u> der Materialzuführung hat jene zu gelten, bei der die <u>Muldenwaage des Speiseapparats gleichmäßig pendelt</u> und bei jedem Speiseimpuls derart regelnd eingreift, daß Stillstands- und Laufzeiten des Speiselattentuchs sich etwa ausgleichen.

Die Füllung des Speisekastens und Veränderungen im Rhythmus der Materialzuführung (Dauer der Speiseintervalle) zeigen wenig Einfluß auf die Bandgleichmäßigkeit.

Die Variation der Auflagestärken, einmal ausgeglichen durch Veränderung des Kardenverzuges, das andere Mal durch unterschiedliche Streckkopfverzüge ließ den Vorzug einer mittelstarken Auflage für die Gleichmäßigkeit der Kardenbänder erkennen.

Vorauflösen des Materials durch Vorkardieren sowie Änderung der Arbeiter- und Wenderdrehzahlen erwiesen sich nicht wirksam in Bezug auf die Gleichmäßigkeit der Bänder.

Der Streckkopf hat Einfluß auf die Höhe der kurzwelligen Masseschwankungen. Als Ursache der in den Gleichmäßigkeitsdiagrammen auftretenden Spitzen konnte eine unzweckmäßige Einstellung der Doffer erkannt werden.

Spinnversuche erwiesen deutlich, daß bei gleichmäßigen Kardenbändern eine bedeutende Verringerung der Streckpassagen- und Dopplungszahl ohne Gefahr von Nummernschwankungen möglich ist. Diese Feststellung ergab sich aus den Masseschwankungsdiagrammen der Feinstreckenbänder und aus den Längenvariationskurven der gesponnenen Garne.

Ein Ersatz der bisher üblichen Muldenwaage am Speiseapparat der Bastfaserkarde durch eine Direktwiegeeinrichtung, die in gleichen Zeitabständen das Speisetuch mit gleichen, abgewogenen Materialmengen beschickt, könnte zur Vergleichmäßigung der Kardenbänder und zur wesentlichen Erleichterung der Maschinenüberwachung führen. Ihre Anwendung bei langfaserigem Bastfasermaterial muß allerdings noch erprobt werden.

Die Arbeit wurde auf Anregung der Arbeitsgemeinschaft Hanfindustrie ausgeführt. Allen Spinnereien, die uns bei der Durchführung unterstützten, sei an dieser Stelle unser Dank ausgesprochen.

Durchführung der Arbeit: Dipl.-Ing. R. OTTO und Text.-Ing. W. LAUER.

Dipl.-Ing. W. ROHS

Dipl.-Ing. R. OTTO

FORSCHUNGSBERICHTE DES WIRTSCHAFTS- UND VERKEHRSMINISTERIUMS NORDRHEIN-WESTFALEN

Herausgegeben von Staatssekretär Prof. Dr. h. c. Leo Brandt

HEFT 1
Prof. Dr.-Ing. E. Flegler, Aachen
Untersuchungen oxydischer Ferromagnet-Werkstoffe
1952, 20 Seiten, DM 6,75

HEFT 2
Prof. Dr. W. Fuchs, Aachen
Untersuchungen über absatzfreie Teeröle
1952, 32 Seiten, 5 Abb., 6 Tabellen, DM 10,—

HEFT 3
Techn.-Wissenschaftl. Büro für die Bastfaserindustrie, Bielefeld
Untersuchungsarbeiten zur Verbesserung des Leinenwebstuhls
1952, 44 Seiten, 7 Abb., 3 Tabellen. DM 12,50

HEFT 4
Prof. Dr. E. A. Müller und Dipl.-Ing. H. Spitzer, Dortmund
Untersuchungen über die Hitzebelastung in Hüttenbetrieben
1952, 28 Seiten, 5 Abb., 1 Tabelle, DM 9,—

HEFT 5
Dipl.-Ing. W. Fister, Aachen
Prüfstand der Turbinenuntersuchungen
1952, 40 Seiten, 30 Abb., 3 Schaltbilder, DM 1,—

HEFT 6
Prof. Dr. W. Fuchs, Aachen
Untersuchungen über die Zusammensetzung und Verwendbarkeit von Schwelteerfraktionen
1952, 36 Seiten, DM 10,50

HEFT 7
Prof. Dr. W. Fuchs, Aachen
Untersuchungen über emsländisches Petrolatum
1952, 36 Seiten, 1 Abb., 17 Tabellen, DM 10,50

HEFT 8
M. E. Meffert und H. Stratmann, Essen
Algen-Großkulturen im Sommer 1951
1953, 52 Seiten, 4 Abb., 20 Tabellen, DM 9,75

HEFT 9
Techn.-Wissenschaftl. Büro für die Bastfaserindustrie, Bielefeld
Untersuchungen über die zweckmäßige Wicklungsart von Leinengarnkreuzspulen unter Berücksichtigung der Anwendung hoher Geschwindigkeiten des Garnes
Vorversuche für Zetteln und Schären von Leinengarnen auf Hochleistungsmaschinen
1952, 48 Seiten, 7 Abb., 7 Tabellen, DM 9,25

HEFT 10
Prof. Dr. W. Vogel, Köln
„Das Streifenpaar" als neues System zur mechanischen Vergrößerung kleiner Verschiebungen und seine technischen Anwendungsmöglichkeiten
1953, 20 Seiten, 6 Abb., DM 4,50

HEFT 11
Laboratorium für Werkzeugmaschinen und Betriebslehre, Technische Hochschule Aachen
1. Untersuchungen über Metallbearbeitung im Fräsvorgang mit Hartmetallwerkzeugen und negativem Spanwinkel
2. Weiterentwicklung des Schleifverfahrens für die Herstellung von Präzisionswerkstücken unter Vermeidung hoher Temperaturen
3. Untersuchung von Oberflächenveredlungsverfahren zur Steigerung der Belastbarkeit hochbeanspruchter Bauteile
1953, 80 Seiten, 61 Abb., DM 15,75

HEFT 12
Elektrowärme-Institut, Langenberg (Rhld.)
Induktive Erwärmung mit Netzfrequenz
1952, 22 Seiten, 6 Abb., DM 5,20

HEFT 13
Techn.-Wissenschaftl. Büro für die Bastfaserindustrie, Bielefeld
Das Naßspinnen von Bastfasergarnen mit chemischen Zusätzen zum Spinnbad
1953, 52 Seiten, 4 Abb., 19 Tabellen, DM 10,—

HEFT 14
Forschungsstelle für Acetylen, Dortmund
Untersuchungen über Aceton als Lösungsmittel für Acetylen
1952, 64 Seiten, 10 Abb., 26 Tabellen, DM 12,25

HEFT 15
Wäschereiforschung Krefeld
Trocknen von Wäschestoffen
1953, 48 Seiten, 14 Abb., 2 Tabellen, DM 9,—

HEFT 16
Max-Planck-Institut für Kohlenforschung, Mülheim a. d. Ruhr
Arbeiten des MPI für Kohlenforschung
1953, 104 Seiten, 9 Abb., DM 17,80

HEFT 17
Ingenieurbüro Herbert Stein, M.-Gladbach
Untersuchung der Verzugsvorgänge in den Streckwerken verschiedener Spinnereimaschinen. 1. Bericht: Vergleichende Prüfung mit verschiedenen Dickenmeßgeräten
1952, 36 Seiten, 15 Abb., DM 8,—

HEFT 18
Wäschereiforschung Krefeld
Grundlagen zur Erfassung der chemischen Schädigung beim Waschen
1953, 68 Seiten, 15 Abb., 15 Tabellen, DM 12,75

HEFT 19
Techn.-Wissenschaftl. Büro für die Bastfaserindustrie, Bielefeld
Die Auswirkung des Schlichtens von Leinengarnketten auf den Verarbeitungswirkungsgrad, sowie die Festigkeit und Dehnungsverhältnisse der Garne und Gewebe
1953, 48 Seiten, 1 Abb., 9 Tabellen, DM 9,—

HEFT 20
Techn.-Wissenschaftl. Büro für die Bastfaserindustrie, Bielefeld
Trocknung von Leinengarnen I
Vorgang und Einwirkung auf die Garnqualität
1953, 62 Seiten, 18 Abb., 5 Tabellen, DM 12,—

HEFT 21
Techn.-Wissenschaftl. Büro für die Bastfaserindustrie, Bielefeld
Trocknung von Leinengarnen II
Spulenanordnung und Luftführung beim Trocknen von Kreuzspulen
1953, 66 Seiten, 22 Abb., 9 Tabellen, DM 13,—

HEFT 22
Techn.-Wissenschaftl. Büro für die Bastfaserindustrie, Bielefeld
Die Reparaturanfälligkeit von Webstühlen
1953, 28 Seiten, 7 Abb., 5 Tabellen, DM 5,80

HEFT 23
Institut für Starkstromtechnik, Aachen
Rechnerische und experimentelle Untersuchungen zur Kenntnis der Metadyne als Umformer von konstanter Spannung auf konstanten Strom
1953, 52 Seiten, 20 Abb., 4 Tafeln, DM 9,75

HEFT 24
Institut für Starkstromtechnik, Aachen
Vergleich verschiedener Generator-Metadyne-Schaltungen in bezug auf statisches Verhalten
1952, 44 Seiten, 23 Abb., DM 8,50

HEFT 25
Gesellschaft für Kohlentechnik mbH., Dortmund-Eving
Struktur der Steinkohlen und Steinkohlen-Kokse
1953, 58 Seiten, DM 11,—

HEFT 26
Techn.-Wissenschaftl. Büro für die Bastfaserindustrie, Bielefeld
Vergleichende Untersuchungen zweier neuzeitlicher Ungleichmäßigkeitsprüfer für Bänder und Garne hinsichtlich ihrer Eignung für die Bastfaserspinnerei
1953, 64 Seiten, 30 Abb., DM 12,50

HEFT 27
Prof. Dr. E. Schratz, Münster
Untersuchungen zur Rentabilität des Arzneipflanzenanbaues Römische Kamille, Anthemis nobilis L.
1953, 16 Seiten, 1 Tabelle, DM 3,60

HEFT 28
Prof. Dr. E. Schratz, Münster
Calendula officinalis L. Studien zur Ernährung, Blütenfüllung und Rentabilität der Drogengewinnung
1953, 24 Seiten, 2 Abb., 3 Tabellen, DM 5,20

HEFT 29
Techn.-Wissenschaftl. Büro für die Bastfaserindustrie, Bielefeld
Die Ausnützung der Leinengarne in Geweben
1953, 100 Seiten, 14 Abb., 10 Tabellen, DM 17,80

HEFT 30
Gesellschaft für Kohlentechnik mbH., Dortmund-Eving
Kombinierte Entaschung und Verschwelung von Steinkohle; Aufarbeitung von Steinkohlenschlämmen zu verkokbarer oder verschwelbarer Kohle
1953, 56 Seiten, 16 Abb., 10 Tabellen, DM 10,50

HEFT 31
Dipl.-Ing. A. Stormanns, Essen
Messung des Leistungsbedarfs von Doppelsteg-Kettenförderern
1954, 54 Seiten, 18 Abb., 3 Anlagen, DM 11,—

HEFT 32
Techn.-Wissenschaftl. Büro für die Bastfaserindustrie, Bielefeld
Der Einfluß der Natriumchloridbleiche auf Qualität und Verwebbarkeit von Leinengarnen und die Eigenschaften der Leinengewebe unter besonderer Berücksichtigung des Einsatzes von Schützen- und Spulenwechselautomaten in der Leinenweberei
1953, 64 Seiten, 2 Abb., 12 Tabellen, DM 11,50

HEFT 33
Kohlenstoffbiologische Forschungsstation e. V.
Eine Methode zur Bestimmung von Schwefeldioxyd und Schwefelwasserstoff in Rauchgasen und in der Atmosphäre
1953, 32 Seiten, 8 Abb., 3 Tabellen, DM 6,50

HEFT 34
Textilforschungsanstalt Krefeld
Quellungs- und Entquellungsvorgänge bei Faserstoffen
1953, 52 Seiten, 13 Abb., 13 Tabellen, DM 9,80

WESTDEUTSCHER VERLAG · KÖLN UND OPLADEN

HEFT 35
Professor Dr. W. Kast, Krefeld
Feinstrukturuntersuchungen an künstlichen Zellulosefasern verschiedener Herstellungsverfahren. Teil I: Der Orientierungszustand
1953, 74 Seiten, 30 Abb., 7 Tabellen, DM 13,80

HEFT 36
Forschungsinstitut der feuerfesten Industrie, Bonn
Untersuchungen über die Trocknung von Rohton
Untersuchungen über die chemische Reinigung von Silika- und Schamotte-Rohstoffen mit chlorhaltigen Gasen
1953, 60 Seiten, 5 Abb., 5 Tabellen, DM 11,—

HEFT 37
Forschungsinstitut der feuerfesten Industrie, Bonn
Untersuchungen über den Einfluß der Probenvorbereitung auf die Kaltdruckfestigkeit feuerfester Steine
1953, 40 Seiten, 2 Abb., 5 Tabellen, DM 7,80

HEFT 38
Forschungsstelle für Acetylen, Dortmund
Untersuchungen über die Trocknung von Acetylen zur Herstellung von Dissousgas
1953, 36 Seiten, 11 Abb., 3 Tabellen, DM 6,80

HEFT 39
Forschungsgesellschaft Blechverarbeitung e. V., Düsseldorf
Untersuchungen an prägegemusterten und vorgelochten Blechen
1953, 46 Seiten, 34 Abb., DM 9,50

HEFT 40
Landesgeologe Dr.-Ing. W. Wolff,
Amt für Bodenforschung, Krefeld
Untersuchungen über die Anwendbarkeit geophysikalischer Verfahren zur Untersuchung von Spateisengängen im Siegerland
1953, 46 Seiten, 8 Abb., DM 8,80

HEFT 41
Techn.-Wissenschaftl. Büro für die Bastfaserindustrie, Bielefeld
Untersuchungsarbeiten zur Verbesserung des Leinenwebstuhles II
1953, 40 Seiten, 4 Abb., 5 Tabellen, DM 7,80

HEFT 42
Professor Dr. B. Helferich, Bonn
Untersuchungen über Wirkstoffe — Fermente — in der Kartoffel und die Möglichkeit ihrer Verwendung
1953, 58 Seiten, 9 Abb., DM 11,—

HEFT 43
Forschungsgesellschaft Blechverarbeitung e. V., Düsseldorf
Forschungsergebnisse über das Beizen von Blechen
1953, 48 Seiten, 38 Abb., 2 Tabellen, DM 11,30

HEFT 44
Arbeitsgemeinschaft für praktische Dehnungsmessung, Düsseldorf
Eigenschaften und Anwendungen von Dehnungsmeßstreifen
1953, 68 Seiten, 43 Abb., 2 Tabellen, DM 13,70

HEFT 45
Losenhausenwerk Düsseldorfer Maschinenbau AG., Düsseldorf
Untersuchungen von störenden Einflüssen auf die Lastgrenzenanzeige von Dauerschwingprüfmaschinen
1953, 36 Seiten, 11 Abb., 3 Tabellen, DM 7,25

HEFT 46
Prof. Dr. W. Fuchs, Aachen
Untersuchungen über die Aufbereitung von Wasser für die Dampferzeugung in Benson-Kesseln
1953, 58 Seiten, 18 Abb., 9 Tabellen, DM 11,20

HEFT 47
Prof. Dr.-Ing. K. Krekeler, Aachen
Versuche über die Anwendung der induktiven Erwärmung zum Sintern von hochschmelzenden Metallen sowie zur Anlegierung und Vergütung von aufgespritzten Metallschichten mit dem Grundwerkstoff
1954, 66 Seiten, 39 Abb., DM 13,90

HEFT 48
Max-Planck-Institut für Eisenforschung, Düsseldorf
Spektrochemische Analyse der Gefügebestandteile in Stählen nach ihrer Isolierung
1953, 38 Seiten, 8 Abb., 5 Tabellen, DM 7,80

HEFT 49
Max-Planck-Institut für Eisenforschung, Düsseldorf
Untersuchungen über Ablauf der Desoxydation und die Bildung von Einschlüssen in Stählen
1953, 52 Seiten, 19 Abb., 3 Tabellen, DM 12,40

HEFT 50
Max-Planck-Institut für Eisenforschung, Düsseldorf
Flammenspektralanalytische Untersuchung der Ferritzusammensetzung in Stählen
1953, 44 Seiten, 15 Abb., 4 Tabellen, DM 8,60

HEFT 51
Verein zur Förderung von Forschungs- und Entwicklungsarbeiten in der Werkzeugindustrie e. V., Remscheid
Untersuchungen an Kreissägeblättern für Holz, Fehler- und Spannungsprüfverfahren
1953, 50 Seiten, 23 Abb., DM 10,—

HEFT 52
Forschungsstelle für Acetylen, Dortmund
Untersuchungen über den Umsatz bei der explosiblen Zersetzung von Azetylen
a) Zersetzung von gasförmigem Azetylen
b) Zersetzung von an Silikagel absorbiertem Azetylen
1954, 48 Seiten, 8 Abb., 10 Tabellen, DM 9,25

HEFT 53
Professor Dr.-Ing. H. Opitz, Aachen
Reibwert und Verschleißmessungen an Kunststoffgleitführungen für Werkzeugmaschinen
1954, 38 Seiten, 18 Abb., DM 8,20

HEFT 54
Professor Dr.-Ing. F. A. F. Schmidt, Aachen
Schaffung von Grundlagen für die Erhöhung der spez. Leistung und Herabsetzung des spez. Brennstoffverbrauches bei Ottomotoren mit Teilbericht über Arbeiten an einem neuen Einspritzverfahren
1954, 34 Seiten, 15 Abb., DM 7,40

HEFT 55
Forschungsgesellschaft Blechverarbeitung e. V., Düsseldorf
Chemisches Glänzen von Messing und Neusilber
1954, 50 Seiten, 21 Abb., 1 Tabelle, DM 10,20

HEFT 56
Forschungsgesellschaft Blechverarbeitung e. V., Düsseldorf
Untersuchungen über einige Probleme der Behandlung von Blechoberflächen
1954, 52 Seiten, 42 Abb., DM 11,20

HEFT 57
Prof. Dr.-Ing. F. A. F. Schmidt, Aachen
Untersuchungen zur Erforschung des Einflusses des chemischen Aufbaues des Kraftstoffes auf sein Verhalten im Motor und in Brennkammern von Gasturbinen
1954, 70 Seiten, 32 Abb., DM 14,60

HEFT 58
Gesellschaft für Kohlentechnik mbH., Dortmund
Herstellung und Untersuchung von Steinkohlenschwelteer
1954, 74 Seiten, 9 Abb., 9 Tabellen, DM 13,75

HEFT 59
Forschungsinstitut der Feuerfest-Industrie e. V., Bonn
Ein Schnellanalysenverfahren zur Bestimmung von Aluminiumoxyd, Eisenoxyd und Titanoxyd in feuerfestem Material mittels organischer Farbreagenzien auf photometrischem Wege
Untersuchungen des Alkali-Gehaltes feuerfester Stoffe mit dem Flammenphotometer nach Riehm-Lange
1954, 62 Seiten, 12 Abb., 3 Tabellen, DM 11,60

HEFT 60
Forschungsgesellschaft Blechverarbeitung e. V., Düsseldorf
Untersuchungen über das Spritzlackieren im elektrostatischen Hochspannungsfeld
1954, 82 Seiten, 53 Abb., 7 Tabellen, DM 17,—

HEFT 61
Verein zur Förderung von Forschungs- und Entwicklungsarbeiten in der Werkzeugindustrie e. V., Remscheid
Schwingungs- und Arbeitsverhalten von Kreissägeblättern für Holz
1954, 54 Seiten, 31 Abb., DM 11,40

HEFT 62
Professor Dr. W. Franz, Institut für theoretische Physik der Universität Münster
Berechnung des elektrischen Durchschlags durch feste und flüssige Isolatoren
1954, 36 Seiten, DM 7,—

HEFT 63
Textilforschungsanstalt Krefeld
Neue Methoden zur Untersuchung der Wirkungsweise von Textilhilfsmitteln
Untersuchungen über Schlichtungs- und Entschlichtungsvorgänge
1954, 34 Seiten, 1 Abb., 5 Tabellen, DM 6,80

HEFT 64
Textilforschungsanstalt Krefeld
Die Kettenlängenverteilung von hochpolymeren Faserstoffen
Über die fraktionierte Fällung von Polyamiden
1954, 44 Seiten, 13 Abb., DM 8,60

HEFT 65
Fachverband Schneidwarenindustrie, Solingen
Untersuchungen über das elektrolytische Polieren von Tafelmesserklingen aus rostfreiem Stahl
1954, 90 Seiten, 38 Abb., 9 Tabellen, DM 17,35

HEFT 66
Dr.-Ing. P. Füsgen VDI †, Düsseldorf
Untersuchungen über das Auftreten des Ratterns bei selbsthemmenden Schneckengetrieben und seine Verhütung
1954, 32 Seiten, 5 Abb., DM 6,60

HEFT 67
Heinrich Wösthoff o. H. G., Apparatebau, Bochum
Entwicklung einer chemisch-physikalischen Apparatur zur Bestimmung kleinster Kohlenoxyd-Konzentrationen
1954, 94 Seiten, 48 Abb., 2 Tabellen, DM 18,25

HEFT 68
Kohlenstoffbiologische Forschungsstation e. V., Essen
Algengroßkulturen im Sommer 1952
II. Über die unsterile Großkultur von Scenedesmus obliquus
1954, 62 Seiten, 3 Abb., 29 Tabellen, DM 11,40

HEFT 69
Wäschereiforschung Krefeld
Bestimmung des Faserabbaues bei Leinen unter besonderer Berücksichtigung der Leinengarnbleiche
1954, 48 Seiten, 15 Abb., 3 Tabellen, DM 9,60

HEFT 70
Wäschereiforschung Krefeld
Trocknen von Wäschestoffen
1954, 52 Seiten, 18 Abb., 3 Tabellen, DM 10,—

HEFT 71
Prof. Dr.-Ing. K. Leist, Aachen
Kleingasturbinen, insbesondere zum Fahrzeugantrieb
1954, 114 Seiten, 85 Abb., DM 22,—

HEFT 72
Prof. Dr.-Ing. K. Leist, Aachen
Beitrag zur Untersuchung von stehenden geraden Turbinengittern mit Hilfe von Druckverteilungsmessungen
1954, 152 Seiten, 111 Abb., DM 36,20

HEFT 73
Prof. Dr.-Ing. K. Leist, Aachen
Spannungsoptische Untersuchungen von Turbinenschaufelfüßen
1954, 66 Seiten, 46 Abb., 2 Tabellen, DM 14,60

HEFT 74
Max-Planck-Institut für Eisenforschung, Düsseldorf
Versuche zur Klärung des Umwandlungsverhaltens eines sonderkarbidbildenden Chromstahls
1954, 58 Seiten, 10 Abb., DM 14,—

HEFT 75
Max-Planck-Institut für Eisenforschung, Düsseldorf
Zeit-Temperatur-Umwandlungs-Schaubilder als Grundlage der Wärmebehandlung der Stähle
1954, 44 Seiten, 13 Abb., DM 8,70

HEFT 76
Max-Planck-Institut für Arbeitsphysiologie, Dortmund
Arbeitstechnische und arbeitsphysiologische Rationalisierung von Mauersteinen
1954, 52 Seiten, 12 Abb., 3 Tabellen, DM 10,20

HEFT 77
Meteor Apparatebau Paul Schmeck GmbH., Siegen
Entwicklung von Leuchtstoffröhren hoher Leistung
1954, 46 Seiten, 12 Abb., 2 Tabellen, DM 9,15

HEFT 78
Forschungsstelle für Acetylen, Dortmund
Über die Zustandsgleichung des gasförmigen Acetylens und das Gleichgewicht Acetylen — Aceton
1954, 42 Seiten, 3 Abb., 8 Tabellen, DM 8,—

HEFT 79
Techn.-Wissenschaftl. Büro für die Bastfaserindustrie, Bielefeld
Trocknung von Leinengarnen III
Spinnspulen- und Spinnkopstrocknung
Vorgang und Einwirkung auf die Garnqualität
1954, 74 Seiten, 18 Abb., 10 Tabellen, DM 14,—

WESTDEUTSCHER VERLAG · KÖLN UND OPLADEN

HEFT 80
Techn.-Wissenschaftl. Büro für die Bastfaserindustrie, Bielefeld
Die Verarbeitung von Leinengarn auf Webstühlen mit und ohne Oberbau
1954, 30 Seiten, 2 Abb., 2 Tabellen, DM 6,—

HEFT 81
Prüf- und Forschungsinstitut für Ziegeleierzeugnisse, Essen-Kray
Die Einführung des großformatigen Einheits-Gitterziegels im Lande Nordrhein-Westfalen
1954, 54 Seiten, 2 Abb., 2 Tabellen, DM 10,—

HEFT 82
Vereinigte Aluminium-Werke AG., Bonn
Forschungsarbeiten auf dem Gebiet der Veredelung von Aluminium-Oberflächen
1954, 46 Seiten, 34 Abb., DM 9,60

HEFT 83
Prof. Dr. S. Strugger, Münster
Über die Struktur der Proplastiden
1954, 30 Seiten, 15 Abb., DM 8,40

HEFT 84
Dr. H. Baron, Düsseldorf
Über Standardisierung von Wundtextilien
1954, 32 Seiten, DM 6,40

HEFT 85
Textilforschungsanstalt Krefeld
Physikalische Untersuchungen an Fasern, Fäden. Garnen und Geweben:
Untersuchungen am Knickscheuergerät nach Weltzien
1954, 40 Seiten, 11 Abb., 8 Tabellen, DM 10,—

HEFT 86
Prof. Dr.-Ing. H. Opitz, Aachen
Untersuchungen über das Fräsen von Baustahl sowie über den Einfluß des Gefüges auf die Zerspanbarkeit
1954, 108 Seiten, 73 Abb., 7 Tabellen, DM 22,—

HEFT 87
Gemeinschaftsausschuß Verzinken, Düsseldorf
Untersuchungen über Güte von Verzinkungen
1954, 68 Seiten, 56 Abb., 3 Tabellen, DM 15,30

HEFT 88
Gesellschaft für Kohlentechnik mbH., Dortmund-Eving
Oxydation von Steinkohle mit Salpetersäure
1954, 62 Seiten, 2 Abb., 1 Tabelle, DM 11,50

HEFT 89
Verein Deutscher Ingenieure, Gleitlagerforschung, Düsseldorf und Prof. Dr.-Ing. G. Vogelpohl, Göttingen
Versuche mit Preßstoff-Lagern für Walzwerke
1954, 70 Seiten, 34 Abb., DM 14,10

HEFT 90
Forschungs-Institut der Feuerfest-Industrie, Bonn
Das Verhalten von Silikasteinen im Siemens-Martin-Ofengewölbe
1954, 62 Seiten, 15 Abb., 11 Tabellen, DM 11,90

HEFT 91
Forschungs-Institut der Feuerfest-Industrie, Bonn
Untersuchungen des Zusammenhangs zwischen Leistung und Kohlenverbrauch von Kammeröfen zum Brennen von feuerfesten Materialien
1954, 42 Seiten, 6 Abb., DM 8,30

HEFT 92
Techn.-Wissenschaftl. Büro für die Bastfaserindustrie, Bielefeld und Laboratorium für textile Meßtechnik, M.-Gladbach
Messungen von Vorgängen am Webstuhl
1954, 76 Seiten, 45 Abb., DM 15,50

HEFT 93
Prof. Dr. W. Kast, Krefeld
Spinnversuche zur Strukturerfassung künstlicher Zellulosefasern
1954, 82 Seiten, 39 Abb., 6 Tabellen, DM 16,—

HEFT 94
Prof. Dr. G. Winter, Bonn
Die Heilpflanzen des MATTHIOLUS (1611) gegen Infektionen der Harnwege und Verunreinigung der Wunden bzw. zur Förderung der Wundheilung im Lichte der Antibiotikaforschung
1954, 58 Seiten, 1 Abb., 2 Tabellen, DM 11,50

HEFT 95
Prof. Dr. G. Winter, Bonn
Untersuchungen über die flüchtigen Antibiotika aus der Kapuziner- (Tropaeolum maius) und Gartenkresse (Lepidium sativum) und ihr Verhalten im menschlichen Körper bei Aufnahme von Kapuziner- bzw. Gartenkressensalat per os
1955, 74 Seiten, 9 Abb., 25 Tabellen, DM 14,—

HEFT 96
Dr.-Ing. P. Koch, Dortmund
Austritt von Exoelektronen aus Metalloberflächen unter Berücksichtigung der Verwendung des Effektes für die Materialprüfung
1954, 34 Seiten, 13 Abb., DM 7,—

HEFT 97
Ing. H. Stein, Laboratorium für textile Meßtechnik, M.-Gladbach
Untersuchung der Verzugsvorgänge an den Streckwerken verschiedener Spinnereimaschinen
2. Bericht: Ermittlung der Haft-Gleiteigenschaften von Faserbändern und Vorgarnen
1955, 98 Seiten, 54 Abb., DM 21,—

HEFT 98
Fachverband Gesenkschmieden, Hagen
Die Arbeitsgenauigkeit beim Gesenkschmieden unter Hämmern
1955, 132 Seiten, 55 Abb., 9 Tabellen, DM 24,75

HEFT 99
Prof. Dr.-Ing. G. Garbotz, Aachen
Der Kraft- und Arbeitsaufwand sowie die Leistungen beim Biegen von Bewehrungsstählen in Abhängigkeit von den Abmessungen, den Formen und der Güte der Stähle (Ermittlung von Leistungsrichtlinien)
1955, 136 Seiten, 53 Abb., 3 Anlagen, 18 Tabellen, DM 30,—

HEFT 100
Prof. Dr.-Ing. H. Opitz, Aachen
Untersuchungen von elektrischen Antrieben, Steuerungen und Regelungen an Werkzeugmaschinen
1955, 166 Seiten, 71 Abb., 3 Tabellen, DM 31,30

HEFT 101
Prof. Dr.-Ing. H. Opitz, Aachen
Wirtschaftlichkeitsbetrachtungen beim Außenrundschleifen
1955, 100 Seiten, 56 Abb., 3 Tabellen, DM 19,30

HEFT 102
Prof. P. Hölemann, Ing. R. Hasselmann und Ing. G. Dix, Dortmund
Untersuchungen über die thermische Zündung von explosiblen Acetylenzersetzungen in Kapillaren
1955, 44 Seiten, 5 Abb., 4 Tabellen, DM 8,60

HEFT 103
Prof. Dr. W. Weizel, Bonn
Durchführung von experimentellen Untersuchungen über den zeitlichen Ablauf von Funken in komprimierten Edelgasen sowie zu deren mathematischen Berechnung
1955, 46 Seiten, 12 Abb., DM 9,10

HEFT 104
Prof. Dr. W. Weizel, Bonn
Über den Einfluß der Elektroden auf die Eigenschaften von Cadmium-Sulfid-Widerstands-Photozellen
1955, 48 Seiten, 12 Abb., DM 9,45

HEFT 105
Dr.-Ing. R. Meldau, Harsewinkel/Westf.
Auswertung von Gekörn — Analysen des Musterstaubes „Flugasche Fortuna I"
1955, 42 Seiten, 14 Abb., DM 8,50

HEFT 106
ORR. Dr.-Ing. W. Küch, Dortmund
Untersuchungen über die Einwirkung von feuchtigkeitsgesättigter Luft auf die Festigkeit von Leimverbindungen
1954, 60 Seiten, 10 Abb., 6 Tabellen, DM 11,40

HEFT 107
Prof. Dr. H. Lange und Dipl.-Phys. P. St. Pütter, Köln
Über die Konstruktion von Laboratoriumsmagneten
1955, 66 Seiten, 19 Abb., 1 Tabelle, DM 12,30

HEFT 108
Prof. Dr. W. Fuchs, Aachen
Untersuchungen über neue Beizmethoden und Beizabwässer
I. Die Entzunderung von Drähten mit Natriumhydrid
II. Die Aufbereitung von Beizabwässern
1955, 82 S., 15 Abb., 14 Tabellen, 1 Falttafel, DM 15,25

HEFT 109
Dr. P. Hölemann und Ing. R. Hasselmann, Dortmund
Untersuchungen über die Löslichkeit von Azetylen in verschiedenen organischen Lösungsmitteln
1954, 42 Seiten, 10 Abb., 8 Tabellen, DM 8,30

HEFT 110
Dr. P. Hölemann und Ing. R. Hasselmann, Dortmund
Untersuchungen über den Druckverlauf bei der explosiblen Zersetzung von gasförmigem Azetylen
1955, 54 Seiten, 10 Abb., 5 Tabellen, DM 11,—

HEFT 111
Fachverband Steinzeugindustrie, Köln
Die Entwicklung eines Gerätes zur Beschickung seitlicher Feuer von Steinzeug-Einzelkammeröfen mit festen Brennstoffen
1955, 46 Seiten, 16 Abb., DM 9,40

HEFT 112
Prof. Dr.-Ing. H. Opitz, Aachen
Verschleißmessungen beim Drehen mit aktivierten Hartmetallwerkzeugen
1954, 44 Seiten, 17 Abb., 6 Tabellen, DM 8,80

HEFT 113
Prof. Dr. O. Graf, Dortmund
Erforschung der geistigen Ermüdung und nervösen Belastung: Studien über die vegetative 24-Stunden-Rhythmik in Ruhe und unter Belastung
1955, 40 Seiten, 12 Abb., DM 8,20

HEFT 114
Prof. Dr. O. Graf, Dortmund
Studien über Fließarbeitsprobleme an einer praxisnahen Experimentieranlage
1954, 34 Seiten, 6 Abb., DM 7,—

HEFT 115
Prof. Dr. O. Graf, Dortmund
Studium über Arbeitspausen in Betrieben bei freier und zeitgebundener Arbeit (Fließarbeit) und ihre Auswirkung auf die Leistungsfähigkeit
1955, 50 Seiten, 13 Abb., 2 Tabellen, DM 9,80

HEFT 116
Prof. Dr.-Ing. E. Siebel und Dr.-Ing. H. Weiss, Stuttgart
Untersuchungen an einigen Problemen des Tiefziehens — I. Teil
1955, 74 Seiten, 50 Abb., 5 Tabellen, DM 14,50

HEFT 117
Dr.-Ing. H. Beißwänger, Stuttgart, und Dr.-Ing. S. Schwandt, Trier
Untersuchungen an einigen Problemen des Tiefziehens — II. Teil
1955, 92 Seiten, 34 Abb., 8 Tabellen, DM 17,70

HEFT 118
Prof. Dr. E. A. Müller und Dr. H. G. Wenzel, Dortmund
Neuartige Klima-Anlage zur Erzeugung ungleicher Luft- und Strahlungstemperaturen in einem Versuchsraum
1955, 68 Seiten, 10 z. T. mehrfarb. Abb., DM 14,—

HEFT 119
Dr.-Ing. O. Viertel, Krefeld
Wäscherei- und energietechnische Untersuchung einer Gemeinschafts-Waschanlage
1955, 50 Seiten, 18 Abb., DM 10,20

HEFT 120
Dipl.-Ing. A. Weisbecker, Lüdenscheid
Über Anfressen an Reinstaluminium-Schweißnähten bei der elektrolytischen Oxydation
Gebr. Hörstermann GmbH., Velbert
Entwicklung und Erprobung eines neuartigen Gummibandförderers
1955, 46 Seiten, 18 Abb., DM 9,70

HEFT 121
Dr. H. Krebs, Bonn
I. Die Struktur und die Eigenschaften der Halbmetalle
II. Die Bestimmung der Atomverteilung in amorphen Substanzen
III. Die chemische Bindung in anorganischen Festkörpern und das Entstehen metallischer Eigenschaften
1955, 124 Seiten, 36 Abb., 13 Tabellen, DM 22,90

HEFT 122
Prof. Dr. W. Fuchs, Aachen
Untersuchungen zur Verbesserung der Wasseraufbereitung und Wasseranalyse:
Über die Schnellbewertung von Ionenaustauscher
1955, 62 Seiten, 32 Abb., DM 12,30

HEFT 123
Dipl.-Ing. J. Emondts, Aachen
Über Bodenverformungen bei stark gestörtem und mächtigem, wasserführendem Deckgebirge im Aachener Steinkohlengebiet
1955, 196 Seiten, 37 Abb., 10 Tabellen, DM 28,80

HEFT 124
Prof. Dr. R. Seyffert, Köln
Wege und Kosten der Distribution der Hausratwaren im Lande Nordrhein-Westfalen
1955, 74 Seiten, 25 Tabellen, DM 9,—

WESTDEUTSCHER VERLAG · KÖLN UND OPLADEN

HEFT 125
Prof. Dr. E. Kappler, Münster
Eine neue Methode zur Bestimmung von Kondensations-Koeffizienten von Wasser
1955, 46 Seiten, 11 Abb., 1 Tabelle, DM 9,10

HEFT 126
Prof. Dr.-Ing. J. Mathieu, Aachen
Arbeitszeitvergleich
Grundlagen, Methodik und praktische Durchführung
1955, 70 Seiten, DM 13,—

HEFT 127
Güteschutz Betonstein e. V., Arbeitskreis Nordrhein-Westfalen, Dortmund
Die Betonwaren-Gütesicherung im Lande Nordrhein-Westfalen
1955, 58 Seiten, 15 Abb., 3 Tabellen, DM 11,50

HEFT 128
Prof. Dr. O. Schmitz-DuMont, Bonn
Untersuchungen über Reaktionen in flüssigem Ammoniak
1955, 96 Seiten, 11 Abb., 6 Tabellen, DM 17,75

HEFT 129
Prof. Dr.-Ing. J. Mathieu und Dr. C. A. Roos, Aachen
Die Anlernung von Industriearbeitern
I. Ergebnisse einer grundsätzlichen Untersuchung der gegenwärtigen Industriearbeiter-Kurzanlernung
1955, 106 Seiten, DM 19,70

HEFT 130
Prof. Dr.-Ing. J. Mathieu und Dr. C. A. Roos, Aachen
Die Anlernung von Industriearbeitern
II. Beiträge zur Methodenfrage der Kurzanlernung
1955, 108 Seiten, DM 19,90

HEFT 131
Dr. W. Hoerburger, Köln
Versuche zur Biosynthese von Eiweiß aus Kohlenwasserstoff
1955, 34 Seiten, 2 Abb., DM 6,90

HEFT 132
Prof. Dr. W. Seith, Münster
Über Diffusionserscheinungen in festen Metallen
1955, 42 Seiten, 19 Abb., 4 Tabellen, DM 9,10

HEFT 133
Prof. Dr. E. Jenckel, Aachen
Über einen für Schwermetalle selektiven Ionenaustauscher
1955, 48 Seiten, 8 Abb., 13 Tabellen, DM 9,50

HEFT 134
Prof. Dr.-Ing. H. Winterhager, Aachen
Über die elektrochemischen Grundlagen der Schmelzfluß-Elektrolyse von Bleisulfid in geschmolzenen Mischungen mit Bleichlorid
1955, 54 Seiten, 20 Abb., 5 Tabellen, DM 11,80

HEFT 135
Prof. Dr.-Ing. K. Krekeler und Dr.-Ing. H. Peukert, Aachen
Die Änderung der mechanischen Eigenschaften thermoplastischer Kunststoffe durch Warmrecken
1955, 54 Seiten, 27 Abb., DM 11,10

HEFT 136
Dipl.-Phys. P. Pilz, Remscheid
Über spezielle Probleme der Zerkleinerungstechnik von Weichstoffen
1955, 58 Seiten, 19 Abb., 2 Tabellen, DM 11,50

HEFT 137
Prof. Dr. W. Baumeister, Münster
Beiträge zur Mineralstoffernährung der Pflanzen
1955, 64 Seiten, 6 Tabellen, DM 11,80

HEFT 138
Dr. P. Hölemann und Ing. R. Hasselmann, Dortmund
Untersuchungen über die Zersetzungswärme von gasförmigem und in Azeton gelöstem Azetylen
1955, 54 Seiten, 8 Abb., 7 Tabellen, DM 10,40

HEFT 139
Prof. Dr. W. Fuchs, Aachen
Studien über die thermische Zersetzung der Kohle und die Kohledestillatprodukte
1955, 64 Seiten, 20 Abb., 22 Tabellen, DM 11,80

HEFT 140
Dr.-Ing. G. Hausberg, Essen
Modellversuche an Zyklonen
1955, 78 Seiten, 24 Abb., DM 15,70

HEFT 141
Dr. J. van Calker und Dr. R. Wienecke, Münster
Untersuchungen über den Einfluß dritter Analysenpartner auf die spektrochemische Analyse
1955, 42 Seiten, 15 Abb., DM 9,10

HEFT 142
Dipl.-Ing. G. M. F. Wiebel, Hannover, A. Konermann und A. Ottenheym, Sennelager
Entwicklung eines Kalksandleichtsteines
1955, 38 Seiten, 4 Abb., DM 8,—

HEFT 143
Prof. Dr. F. Wever, Dr. A. Rose und Dipl.-Ing. W. Straßburg, Düsseldorf
Härtbarkeit und Umwandlungsverhalten der Stähle
1955, 50 Seiten, 12 Abb., 3 Tabellen, DM 10,70

HEFT 144
Prof. Dr. H. Wurmbach, Bonn
Steuerung von Wachstum und Formbildung
1955, 48 Seiten, 19 Abb., DM 10,30

HEFT 145
Dr. G. Hennemann, Werdohl (Westf.)
Beitrag zur Interpretation der modernen Atomphysik
1955, 34 Seiten, DM 10,—

HEFT 146
Dr.-Ing. F. Gruß, Düsseldorf
Sterilisation mit Heißluft
1955, 34 Seiten, 10 Abb., DM 7,70

HEFT 147
Dr.-Ing. W. Rudisch, Unna
Untersuchung einer drehelastischen Elektromagnet-Synchronkupplung
1955, 82 Seiten, 65 Abb., DM 17,70

HEFT 148
Prof. Dr. H. Bittel u. Dipl.-Phys. L. Storm, Münster
Untersuchungen über Widerstandsrauschen
1955, 40 Seiten, 5 Abb., DM 8,40

HEFT 149
Dipl.-Ing. K. Konopicky und Dipl.-Chem. P. Kampa, Bonn
I. Beitrag zur flammenphotometrischen Bestimmung des Calciums.
Dr.-Ing. K. Konopicky, Bonn
II. Die Wanderung von Schlackenbestandteilen in feuerfesten Baustoffen
1955, 54 Seiten, 10 Abb., 5 Tabellen, DM 11,—

HEFT 150
Prof. Dr.-Ing. O. Kienzle und Dipl.-Ing. W. Timmerbeil, Hannover
Das Durchziehen enger Kragen an ebenen Fein- und Mittelblechen
1955, 52 Seiten, 20 Abb., 8 Tabellen, DM 11,30

HEFT 151
Dipl.-Ing. P. Karabasch, Aachen
Feststellung des optimalen Gasgehaltes von Bronzen zur Erzielung druckdichter Gußstücke
1956, 64 Seiten, 31 Abb., 5 Tabellen, DM 13,90

HEFT 152
Dipl.-Ing. G. Müller, Köln
Ermittlung der Laufeigenschaften (Vergießbarkeit) von Bronze und Rotguß mittels der Schneider-Gießspirale
1955, 60 Seiten, 33 Abb., DM 13,30

HEFT 153
Prof. Dr. F. Wever, Dr.-Ing. W. A. Fischer und Dipl.-Ing. J. Engelbrecht, Düsseldorf
I. Die Reduktion sauerstoffhaltiger Eisenschmelzen im Hochvakuum mit Wasserstoff und Kohlenstoff
II. Einfluß geringer Sauerstoffgehalte auf das Gefüge und Alterungsverhalten von Reineisen
1955, 54 Seiten, 15 Abb., 2 Tabellen, DM 12,40

HEFT 154
Prof. Dr.-Ing. P. Bardenheuer und Dr.-Ing. W. A. Fischer, Düsseldorf
Die Verschlackung von Titan aus Stahlschmelzen im sauren und basischen Hochfrequenzofen unter verschiedenen Schlacken
1955, 36 Seiten, 10 Abb., 1 Tabelle, DM 7,95

HEFT 155
Dipl.-Phys. K. H. Schirmer, München
Die auf Grau abgestimmte Farbwiedergabe im Dreifarbenbuchdruck
1955, 46 Seiten, 17 Abb., 2 Farbtafeln, DM 10,—

HEFT 156
Prof. Dr.-Ing. B. von Borries und Mitarbeiter, Düsseldorf
Die Entwicklung regelbarer permanentmagnetischer Elektronenlinsen hoher Brechkraft und eines mit ihnen ausgerüsteten Elektronenmikroskopes neuer Bauart
1956, 102 Seiten, 52 Abb., DM 22,55

HEFT 157
Dr. W. Jawtusch, Dr. G. Schuster und Prof. Dr.-Ing. R. Jaeckel, Bonn
Untersuchungen über die Stoßvorgänge zwischen neutralen Atomen und Molekülen
1955, 48 Seiten, 15 Abb., 3 Tabellen, DM 10,50

HEFT 158
Dipl.-Ing. W. Rosenkranz, Meinerzhagen
Ein Beitrag zum Problem der Spannungskorrosion bei Preßprofilen und Preßteilen aus Aluminium-Legierungen
1956, 112 Seiten, 61 Abb., 5 Tabellen, DM 27,40

HEFT 159
Dr.-Ing. O. Viertel und O. Oldenroth, Krefeld
Das Bleichen von Weißwäsche mit Wasserstoffsuperoxyd bzw. Natriumhypochlorit beim maschinellen Waschen
1955, 54 Seiten, 23 Abb., 2 Tabellen, DM 11,45

HEFT 160
Prof. Dr. W. Klemm, Münster
Über neue Sauerstoff- und Fluor-haltige Komplexe
1955, 50 Seiten, 13 Abb., 7 Tabellen, DM 10,80

HEFT 161
Prof. Dr. W. Weltzien und Dr. G. Hauschild, Krefeld
Über Silikone und ihre Anwendung in der Textilveredlung
1955, 162 Seiten, 22 Abb., 10 Tabellen, DM 27,—

HEFT 162
Prof. Dr. F. Wever, Prof. Dr. A. Kochendörfer und Dr.-Ing. Chr. Rohrbach, Düsseldorf
Kennzeichnung der Sprödbruchneigung von Stählen durch Messung der Fließspannung, Reißspannung und Brucheinschnürung an dreiachsig beanspruchten Proben
1955, 58 Seiten, 26 Abb., DM 13,—

HEFT 163
Dipl.-Ing. W. Rohs und Text.-Ing. H. Griese, Bielefeld
Untersuchungsarbeiten zur Verbesserung des Leinenwebstuhls III
1955, 80 Seiten, 15 Abb., 18 Tabellen, DM 15,80

HEFT 164
Dr.-Ing. H. Schmachtenberg, Köln
Neuartige Prüfeinrichtungen für Kraftfahrzeuge
1955, 44 Seiten, 23 Abb., DM 9,60

HEFT 165
Dr.-Ing. W. Wilhelm, Aachen
Instationäre Gasströmung im Auspuffsystem eines Zweitaktmotors
1955, 62 Seiten, 31 Abb., 8 Tabellen, DM 13,60

HEFT 166
Prof. Dr. M. v. Stackelberg, Dr. H. Heindze, Dr. H. Hübschke und Dr. K. H. Frangen, Bonn
Kolloidchemische Untersuchungen
1955, 106 Seiten, 8 Abb., 13 Tabellen, DM 21,25

HEFT 167
Prof. Dr.-Ing. F. Schuster, Essen
I. Über die Heißkarburierung von Brenngasen mit Ölen und Teeren
II. Die Strahlungsvorgänge in brennstoffbeheizten Öfen bei verschiedenen Verbrennungsatmosphären
1955, 38 Seiten, 8 Abb., DM 8,30

HEFT 168
Prof. Dr.-Ing. F. Schuster, Essen
I. Luftvorwärmung an Gasfeuerungen
II. Heizwerthöhe von Brenngasen und Wirkungsgrad sowie Gasverbrauch bei der Gasverwendung
III. Sauerstoffangereicherte Luft und feuerungstechnische Kenngrößen von Brenngasen
1955, 60 Seiten, 18 Abb., DM 12,50

HEFT 169
Forschungsinstitut für Pigmente und Lacke, Stuttgart
Arbeiten über die Bestimmung des Gebrauchswertes von Lackfilmen durch physikalische Prüfungen
1955, 70 Seiten, 23 Abb., 4 Tabellen, DM 15,—

HEFT 170
Prof. Dr. F. Wever, Dr. A. Rose und Dipl.-Ing L. Rademacher, Düsseldorf
Anwendung der Umwandlungsschaubilder auf Fragen der Werkstoffauswahl beim Schweißen und Flammhärten
1955, 64 Seiten, 25 Abb., DM 13,70

WESTDEUTSCHER VERLAG · KÖLN UND OPLADEN

HEFT 171
Wäschereiforschung Krefeld
Untersuchung der Wäscheentwässerung mit Hilfe von Zentrifugen und Pressen
1955, 42 Seiten, 16 Abb., 4 Tabellen, DM 9,70

HEFT 172
Dipl.-Ing. W. Rohs, Dr.-Ing. G. Satlow und Text.-Ing. G. Heller, Bielefeld
Trocknung von Hanfgarnen. Kreuzspultrocknung
1955, 60 Seiten, 7 Abb., 4 Tabellen, DM 10,30

HEFT 173
Prof. Dr. R. Hosemann und Dipl.-Phys. G. Schoknecht, Berlin, vorgelegt von Prof. Dr. W. Kast, Krefeld
Lichtoptische Herstellung und Diskussion der Faltungsquadrate parakristalliner Gitter
1956, 108 Seiten, 63 Abb., 6 Tabellen, DM 24,70

HEFT 174
Prof. Dr. W. von Fragstein, Dr. J. Meingast und H. Hoch, Köln
Herstellung von Solen einheitlicher Teilchengröße und Ermittlung ihrer optischen Eigenschaften
1955, 78 Seiten, 80 Abb., 4 Tabellen, DM 18,25

HEFT 175
Dr.-Ing. H. Zeller, Aachen
Beitrag zur eindimensionalen stationären und nichtstationären Gasströmung mit Reibung und Wärmeleitung, insbesondere in Rohren mit unstetigen Querschnittsänderungen.
1956, 138 Seiten, 56 Abb., DM 29,30

HEFT 176
Dipl.-Ing. H. Schöberl, Duisburg
Über die Methoden zur Ermittlung der Verbrennungstemperatur von Brennstoffen und ein Vorschlag zu ihrer Verbesserung
1955, 30 Seiten, 3 Abb., DM 6,50

HEFT 177
Dipl.-Ing. H. Stüdemann, Solingen, und Dr.-Ing. W. Müchler, Essen
Entwicklung eines Verfahrens zur zahlenmäßigen Bestimmung der Schneideigenschaften von Messerklingen
1956, 104 Seiten, 68 Abb., 4 Tabellen, DM 22,20

HEFT 178
Prof. Dr. M. von Stackelberg u. Dr. W. Hans, Bonn
Untersuchungen zur Ausarbeitung und Verbesserung von polarographischen Analysenmethoden
1955, 46 Seiten, 14 Abb., DM 10,50

HEFT 179
Dipl.-Ing. H. F. Reineke, Bochum
Entwicklungsarbeiten auf dem Gebiete der Meß- und Regeltechnik
1955, 46 Seiten, 10 Abb., DM 10,—

HEFT 180
Dr.-Ing. W. Piepenburg, Dipl.-Ing. B. Bühling und Bauing. J. Behnke, Köln
Putzarbeiten im Hochbau und Versuche mit aktiviertem Mörtel und mechanischem Mörtelauftrag
1955, 116 Seiten, 31 Abb., 68 Tabellen, DM 23,—

HEFT 181
Prof. Dr. W. Franz, Münster
Theorie der elektrischen Leitvorgänge in Halbleitern und isolierenden Festkörpern bei hohen elektrischen Feldern
1955, 28 Seiten, 2 Abb., 1 Tabelle, DM 6,20

HEFT 182
Dr.-Ing. P. Schenk u. Dr. K. Osterloh, Düsseldorf
Katalytisch-thermische Spaltung von gasförmigen und flüssigen Kohlenwasserstoffen zur Spitzengaserzeugung
1955, 50 Seiten, 11 Abb., 11 Tabellen, DM 10,90

HEFT 183
Dr. W. Bornheim, Köln
Entwicklungsarbeiten an Flaschen- und Ampullen-Behandlungsmaschinen für die pharmazeutische Industrie
1956, 48 Seiten, 24 Abb., DM 11,70

HEFT 184
Dr.-Ing. E. Printz, Kettwig
Vollhydraulische Parallel-Kupplung für Ackerschlepper
1955, 32 Seiten, 4 Abb., DM 7,80

HEFT 185
Dipl.-Ing. W. Rohs und Text.-Ing. G. Heller, Bielefeld
Studien an einem neuzeitlichen Kreuzspultrockner für Bastfasergarne mit Wiederbefeuchtungszone
1955, 52 Seiten, 9 Abb., 3 Tabellen, DM 10,70

HEFT 186
Dr. E. Wedekind, Krefeld
Untersuchungen zur Arbeitsbestgestaltung bei der Fertigstellung von Oberhemden in gewerblichen Wäschereien
1955, 124 Seiten, 28 Abb., 6 Tabellen, 2 Falttaf., DM 12,—

HEFT 187
Dipl.-Ing. F. Göttgens, Essen
Über die Eigenarten der Bimetall-, Thermo- und Flammenionisationssicherungsmethode in ihrer Anwendung auf Zündsicherungen
1955, 40 Seiten, 6 Abb., 4 Tabellen, DM 8,40

HEFT 188
W. Kinnebrock, Langenberg (Rhld.)
Der Einfluß des Austausches gleicher Gaskochbrenner bzw. Gaskochbrennerteile auf den Wirkungsgrad und insbesondere auf den CO-Gehalt der Verbrennungsgase
1955, 42 Seiten, 7 Tabellen, DM 8,70

HEFT 189
Fa. E. Leybold's Nachfolger, Köln
I. Ausgewählte Kapitel aus der Vakuumtechnik
II. Zum Verlust anorganisch-nichtflüchtiger Substanzen während der Gefriertrocknung
1955, 52 Seiten, 16 Abb., 3 Tabellen, DM 11,20

HEFT 190
Prof. Dr. A. Neuhaus, Prof. Dr. O. Schmitz-DuMont und Dipl.-Chem. H. Reckhard, Bonn
Zur Kenntnis der Alkalititanate
1955, 60 Seiten, 13 Abb., 1 Tabelle, DM 12,20

HEFT 191
Dr. H. Söhngen, Darmstadt
Schwingungsverhalten eines Schaufelkranzes im Vakuum
1955, 36 Seiten, 7 Abb., DM 7,80

HEFT 192
Dipl.-Phys. E. M. Schneider, München
Kohlebogenlampen für Aufnahme und Kopie
1955, 48 Seiten, 21 Abb., 3 Tabellen, DM 10,60

HEFT 193
Prof. Dr. O. Schmitz-DuMont, Bonn
Untersuchungen über neue Pigmentfarbstoffe
1956, 50 Seiten, 16 Abb., 8 Tabellen, DM 11,20

HEFT 194
Dr. K. Hecht, Köln
Entwicklung neuartiger physikalischer Unterrichtsgeräte
1955, 42 Seiten, 16 Abb., DM 9,90

HEFT 195
Dr.-Ing. E. Rößger, Köln
Gedanken über einen neuen deutschen Luftverkehr
1955, 342 Seiten, 29 Abb., 122 Tabellen, DM 50,—

HEFT 196
Dipl.-Ing. W. Rohs und Text.-Ing. H. Griese, Bielefeld
Auswirkungen von Garnfehlern bei der Verarbeitung von Leinengarnen
1955, 36 Seiten, 3 Abb., 6 Tabellen, DM 7,80

HEFT 197
Dr. E. Wedekind, Krefeld
Untersuchungen zur Bestimmung der optimalen Arbeitsplatzgröße bei Mehrstuhlarbeit in der Weberei
1955, 92 Seiten, 34 Abb., DM 18,50

HEFT 198
Prof. Dr. J. Weissinger, Karlsruhe
Zur Aerodynamik des Ringflügels. Die Druckverteilung dünner, fast drehsymmetrischer Flügel in Unterschallströmung
1955, 42 Seiten, 5 Abb., DM 9,—

HEFT 199
Textilforschungsanstalt Krefeld
Die Messung von Gewebetemperaturen mittels Temperaturstrahlung
1955, 50 Seiten, 12 Abb., DM 10,90

HEFT 200
R. Seipenbusch, Langenberg (Rhld.)
Spitzengas durch Zusatz von Flüssiggas-Wassergas- und Flüssiggas-Generatorgas-Gemischen zu Stadtgas
1955, 48 Seiten, 21 Abb., 10 Tabellen, DM 10,35

HEFT 201
Dr.-Ing. E. W. Pleines, Frankfurt/Main
Die Sicherheit im Luftverkehr
1956, 194 Seiten, 39 Abb., 19 Tabellen, DM 39,50

HEFT 202
Dipl.-Ing. D. Fiecke, Stuttgart/Zuffenhausen
Die Bestimmung der Flugzeugpolaren für Entwurfszwecke. I. Teil: Unterlagen
1956, 216 Seiten, 171 Diagr., DM 59,70

HEFT 203
Dr. G. Wandel, Bonn
Uferbewachsung und Lebendverbauung an den Nordwestdeutschen Kanälen und ihren Zuflüssen sowie an der Ruhr
1956, 122 Seiten, 88 Abb., DM 25,70

HEFT 204
Dipl.-Ing. B. Naendorf, Langenberg (Rhld.)
Bestimmung der Brenneigenschaften und des Brennverhaltens verschiedener Gasarten und Einfluß verschiedener Düsengestaltung
1955, 32 Seiten, DM 7,10

HEFT 205
Dr. C. Schaarwächter, Düsseldorf
Über plastische Kupfer-Eisen-Phosphor-Legierungen
1936, 36 Seiten, 10 Abb., 10 Tabellen, DM 8,30

HEFT 206
Dr. P. Hölemann, Ing. R. Hasselmann und Ing. G. Dix, Dortmund
Untersuchungen über die Vorgänge bei der Zersetzung von in Azeton gelöstem Azetylen
1956, 74 Seiten, 7 Abb., 7 Tabellen, DM 15,55

HEFT 207
Prof. Dr.-Ing. H. Opitz, Dipl.-Ing. K. H. Fröhlich und Dipl.-Ing. H. Siebel, Aachen
Richtwerte für das Fräsen von unlegierten und legierten Baustählen mit Hartmetall. I. Teil
1956, 48 Seiten, 27 Abb., 3 Tabellen, DM 11,10

HEFT 208
Prof. Dr.-Ing. H. Müller, Essen
Untersuchung von Elektrowärmegeräten für Laienbedienung hinsichtlich Sicherheit und Gebrauchsfähigkeit. I. Untersuchungen an Kochplatten
1956, 100 Seiten, 76 Abb., 7 Tabellen, DM 22,70

HEFT 209
Dr. K. Bunge, Leverkusen
Materialabbau in Funkenentladungen. Untersuchungen an Zinkkathoden
1956, 54 Seiten, 10 Abb., 5 Tabellen, DM 11,40

HEFT 210
Dr. W. Porschen und Prof. Dr. W. Riezler, Bonn
Langlebige Alphaaktivitäten bei natürlichen Elementen
1955, 40 Seiten, 5 Abb., 4 Tabellen, DM 8,80

HEFT 211
Prof. Dipl.-Ing. W. Sturtzel und Dr.-Ing. W. Graff, Duisburg
Die Versuchsanstalt für Binnenschiffbau, Duisburg
1956, 48 Seiten, 22 Abb., 11,—

HEFT 212
Dipl.-Ing. H. Spodig, Selm
Untersuchung zur Anwendung der Dauermagnete in der Technik
1955, 44 Seiten, 25 Abb., DM 9,80

HEFT 213
Dipl.-Ing. K. F. Rittinghaus, Aachen
Zusammenstellung eines Meßwagens für Bau- und Raumakustik
in Vorbereitung

HEFT 214
Dr.-Ing. J. Endres, München
Berechnung der optimalen Leistungen, Kraftstoffverbräuche und Wirkungsgrade von Einkreis-Turbolader-Strahltriebwerken am Boden und in der Höhe bei Fluggeschwindigkeiten von 0—2000 km/h
1956, 72 Seiten, 18 Abb., 8 Tabellen, DM 15,40

HEFT 215
Prof. Dr.-Ing. H. Opitz und Dr.-Ing. G. Weber, Aachen
Einfluß der Wärmebehandlung von Baustählen auf Spanentstehung, Schnittkraft- und Standzeitverhalten
1956, 80 Seiten, 30 Abb., 10 Tabellen, DM 18,40

HEFT 216
Dr. E. Kloth, Köln
Untersuchungen über die Ausbreitung kurzer Schallimpulse bei der Materialprüfung mit Ultraschall
1956, 90 Seiten, 60 Abb., 4 Tabellen, DM 19,40

HEFT 217
Rationalisierungskuratorium der Deutschen Wirtschaft (RKW), Frankfurt/Main
Typenvielzahl bei Haushaltgeräten und Möglichkeiten einer Beschränkung
1956, 328 Seiten, 2 Abb., 181 Tabellen, DM 49,50

HEFT 218
Dr. F. Keune, Aachen
Bericht über eine Theorie der Strömung um Rotationskörper ohne Anstellung bei Machzahl Eins
1955, 40 Seiten, 8 Abb., 5 Formelblätter, DM 8,80

WESTDEUTSCHER VERLAG · KÖLN UND OPLADEN

HEFT 219
Prof. Dr. W. Fuchs, Aachen
Untersuchungen zur Holzabfallverwertung und zur Chemie des Lignins
1955, 54 Seiten, 11 Abb., 15 Tabellen DM 11,40

HEFT 220
Prof. Dr. W. Fuchs, Aachen
Die Entwicklung neuer Regel- und Kontroll-Apparate zur coulometrischen Analyse
1956, 76 Seiten, 17 Abb. 23 Tabellen, DM 15,50

HEFT 221
Dr. W. Meyer-Eppler, Bonn
Experimentelle Untersuchungen zum Mechanismus von Stimme und Gehör in der lautsprachlichen Kommunikation *1955, 56 Seiten, 24 Abb., DM 13,45*

HEFT 222
Dr. L. Köllner, Münster, und Dipl.-Volkswirt M. Kaiser, Bochum
Die internationale Wettbewerbsfähigkeit der westdeutschen Wollindustrie *1956, 214 Seiten, DM 39,50*

HEFT 223
Dr.-Ing. K. Alberti und Dr. F. Schwarz, Köln
Über das Problem Hartbrand-Weichbrand
1956, 54 Seiten, 25 Abb., 14 Tabellen, DM 12,10

HEFT 224
Dipl.-Ing. H. Stüdemann und Ing. R. Beu, Solingen
Verfahren zur Prüfung der Korrosionsbeständigkeit von Messerklingen aus rostfreiem Stahl
1956, 82 Seiten, 28 Abb., DM 16,90

HEFT 225
Dr.-Ing. E. Barz, Remscheid
Der Spannungszustand von Gattersägeblättern
1956, 74 Seiten, 54 Abb., DM 16,50

HEFT 226
Technisch-wissenschaftliches Büro für die Bastfaserindustrie, Bielefeld
Untersuchungen zur Verbesserung des Leinenwebstuhles IV
Die Wirkung verschiedener Kettbaumbremsen auf die Verwebung von Leinengarnen
1956, 64 Seiten, 9 Abb., 4 Tabellen, DM 13,50

HEFT 227
Prof. Dr. F. Wever, Düsseldorf und Dr. W. Wepner, Köln
Untersuchung der Alterungsneigung von weichen unlegierten Stählen durch Härteprüfung bei Temperaturen bis 300 Grad C
1956, 34 Seiten, 20 Abb., 3 Tabellen, DM 7,95

HEFT 228
Prof. Dr. F. Wever, Dr. W. Koch, Düsseldorf, und Dr. B. A. Steinkopf, Dortmund
Spektrochemische Grundlagen der Analyse von Gemischen aus Kohlenmonoxyd, Wasserstoff und Stickstoff *1956, 42 Seiten, 18 Abb., 1 Tabelle, DM 9,90*

HEFT 229
Prof. Dr. F. Wever, Dr. W. Koch und Dr.-Ing. H. Malissa, Düsseldorf
Über die Anwendung disubstituierter Dithiocarbamate der analytischen Chemie
1956, 44 Seiten, 30 Abb., 5 Tabellen, DM 10,50

HEFT 230
Prof. Dr. F. Wever, Düsseldorf, und Dr. W. Wepner, Köln
Bestimmung kleiner Kohlenstoffgehalte im Alpha-Eisen durch Dämpfungsmessung
1956, 34 Seiten, 5 Abb., 2 Tabellen, DM 7,70

HEFT 231
Dr. W. Küch, Dortmund
Über die Wechselwirkung zwischen Holzschutzbehandlung und Verleimung
1956, 48 Seiten, 10 Abb., 8 Tabellen, DM 10,40

HEFT 232
Prof. Dr.-Ing. O. Kienzle, Hannover, und Dr.-Ing. H. Münnich, Schweinfurt
Feststellung der Spannungen und Dehnungen und Bruchdrehzahlen der unter Fliehkraft und Bearbeitungskraft beanspruchten Schleifkörper
in Vorbereitung

HEFT 233
Dr. H. Haase, Hamburg
Infrarot-Bibliographie *1956, 90 Seiten, DM 17,80*

HEFT 234
Dr.-Ing. K. G. Speith und Dr.-Ing. A. Bungeroth, Duisburg
Versuche zur Steigerung des Kokillen-Schluckvermögens beim Stranggießen von Stahl
1956, 26 Seiten, 5 Abb., DM 6,15

HEFT 235
Prof. Dr.-Ing. K. Leist und Dipl.-Ing. W. Dettmering, Aachen
Turbinenschaufeln aus Kunststoff für Kaltluftversuchsanlagen
1956, 46 Seiten, 43 Abb., 3 Tabellen, DM 12,30

HEFT 236
Dr.-Ing. O. Viertel und S. Lucas, Krefeld
Ergebnisse einer Hausfrauenbefragung über Wascheinrichtungen und Waschmethoden in städtischen Haushaltungen
1956, 34 Seiten, 4 Abb., DM 7,60

HEFT 237
Dr. P. Endler und Dr. H. Ludes, Köln
Bericht über eine Studienreise zur Orientierung der heutigen Behandlung der Lungentuberkulose in den Vereinigten Staaten von Nordamerika
1956, 32 Seiten, DM 7,10

HEFT 238
Institut für textile Meßtechnik, M.-Gladbach, e. V.
Untersuchungen der Verzugsvorgänge an den Streckwerken verschiedener Spinnereimaschinen. 3. Bericht: Theoretische Betrachtungen über den Einfluß schlagender Zylinder und Druckrollen
1956, 66 Seiten, 21 Abb., DM 14,10

HEFT 239
Prof. Dr.-Ing. K. Leist, Dipl.-Ing. H. Scheele, Aachen, und Dipl.-Ing. F. H. Flottmann, Herne
Versuche an einem neuartigen luftgekühlten Hochleistungs-Kolbenkompressor
1956, 72 Seiten, 19 Abb., 7 Tabellen, DM 14,40

HEFT 240
Prof. Dr.-Ing. K. Leist und Dipl.-Ing. H. Scheele, Aachen
Temperaturmessungen an einem einstufigen luftgekühlten 4-Zylinder-Kolbenkompressor mit Kühlgebläse *1956, 74 Seiten, 36 Abb., DM 14,80*

HEFT 241
Prof. Dr.-Ing. K. Leist und Dipl.-Ing. M. Pötke, Aachen
Leistungsversuche an einem Kühlluftgebläse
1956, 60 Seiten, 13 Abb., DM 11,70

HEFT 242
Prof. Dr.-Ing. K. Leist und Dipl.-Ing. K. Graf, Aachen
Straßenfahrzeuge mit Gasturbinenantrieb
1956, 82 Seiten, 63 Abb., DM 17,20

HEFT 243
Prof. Dr.-Ing. K. Leist und Dipl.-Ing. S. Förster, Aachen
Die französische Kleingasturbine Artouste — 1. Teil
1956, 80 Seiten, 41 Abb., DM 15,85

HEFT 244
Prof. Dr. F. Wever, Dr. W. Koch und Dr. S. Eckhard, Düsseldorf
Erfahrungen mit der spektrochemischen Analyse von Gefügebestandteilen des Stahles
1956, 32 Seiten, 8 Abb., 2 Tabellen, DM 7,80

HEFT 245
Prof. Dr.-Ing. habil. K. Krekeler, Aachen
Das Verbinden von Metallen durch Kunstharzkleber. Teil I: Eigenschaften und Verwendung der Metallklebstoffe *1956, 48 Seiten, 8 Abb., DM 10,25*

HEFT 246
Prof. Dr.-Ing. habil. K. Krekeler, Aachen
Das Verbinden von Metallen durch Kunstharzkleber. Teil II: Untersuchungen an geklebten Leichtmetall-Verbindungen *1956, 80 Seiten, 40 Abb., DM 17,50*

HEFT 247
Dr. H. Söhngen, Darmstadt
Strömung vor einem Überschall-Laufrad
1956, 26 Seiten, 4 Abb., DM 7,60

HEFT 248
Rheinische Aktiengesellschaft für Braunkohlenbergbau und Brikettfabrikation, Köln
Untersuchungen der Bindemitteleigenschaften von Braunkohlenfilteraschen
1956, 176 Seiten, 26 Abb., 30 Tabellen, DM 35,60

HEFT 249
Dr. M.-E. Meffert, Essen
Weitere Kulturversuche Scenedesmus obliquus
1956, 36 Seiten, 5 Abb., 10 Tabellen, DM 8,—

HEFT 250
Dr. F. Schwarz und Dr.-Ing. K. Alberti, Köln
Entwicklung von Untersuchungsverfahren zur Gütebeurteilung von Industriekalken
1956, 36 Seiten, 9 Abb., DM 16,50

HEFT 251
Prof. Dr. H. Bittel, Münster
Zur Statistik der ferromagnetischen Elementarvorgänge und ihren Einfluß auf das Barkhausenrauschen
1956, 52 Seiten, 14 Abb., DM 11,65

HEFT 252
Dipl.-Ing. H. Frings, Geilenkirchen
Die Wirkung abfallender Wetterführung auf Wettertemperatur, Grubengasgehalt und Staubbildung
1957, 126 Seiten, 23 Abb., 13 Falttafeln, 38 Tab., DM 35,70

HEFT 253
Dipl.-Ing. S. Schirmanski, Berghausen
Stand und Auswertung der Forschungsarbeiten über Temperatur- und Feuchtigkeitsgrenzen bei der bergmännischen Arbeit
1957, 80 Seiten, 24 Abb., 12 Tab., DM 17,10

HEFT 254
Prof. Dr. R. Danneel, Bonn
Quantitative Untersuchungen über die Entwicklung des Ehrlich-Ascitestumors bei Inzuchtmäusen
1956, 52 Seiten, 17 Tabellen, DM 11,75

HEFT 255
Ing. B. v. Schlippe, Bad Nauheim
Strömung von Flüssigkeiten mit temperaturabhängiger Zähigkeit (Kühlung von Öfen)
1956, 54 Seiten, 12 Abb., 4 Tabellen, DM 11,70

HEFT 256
Prof. Dr. C. Schmieden und Dipl.-Math. K. H. Müller, Darmstadt
Die Strömung einer Quellstrecke im Halbraum — eine strenge Lösung der Navier-Stokes-Gleichungen
1956, 40 Seiten, 9 Abb., DM 8,80

HEFT 257
Prof. Dr. G. Lehmann und Dr. J. Tamm, Dortmund
Die Beeinflussung vegetativer Funktionen des Menschen durch Geräusche
1956, 48 Seiten, 25 Abb., 3 Tabellen, DM 11,20

HEFT 258
Dr. H. Paul, Linz (Rhein), und Prof. Dr. O. Graf, Dortmund
Zur Frage der Unfälle im Bergbau
1956, 52 Seiten, 9 Abb., 22 Tabellen, DM 11,20

HEFT 259
Prof. D. W. Linke, Aachen
Strömungsvorgänge in künstlich belüfteten Räumen
1956, 52 Seiten, 37 Abb., 1 Tabelle, DM 11,80

HEFT 260
Prof. Dr. W. Kast, Freiburg (Br.), Prof. Dr. A. H. Stuart und Dipl.-Phys. H. G. Fendler, Hannover
Lichtzerstreuungsmessungen an Lösungen hochpolymerer Stoffe
1956, 70 Seiten, 25 Abb., 5 Tabellen, DM 15,60

HEFT 261
Prof. Dr. W. Kast, Freiburg (Br.)
Feinstruktur-Untersuchungen an künstlichen Zellulosefasern verschiedener Herstellungsverfahren
Teil II: Der Kristallisationszustand
1956, 80 Seiten, 27 Abb., 11 Tabellen, DM 17,20

HEFT 262
Dr.-Ing. W. Batel, Aachen
Untersuchungen zur Absiebung feuchter, feinkörniger Haufwerke auf Schwingsieben
1956, 100 Seiten, 45 Abb., 5 Tabellen, DM 23,40

HEFT 263
Prof. Dr. H. Lange und Dipl.-Phys. R. Kohlhaas, Köln
Über die Wärmeleitfähigkeit von Stählen bei hohen Temperaturen: Teil I: Literaturbericht
1956, 48 Seiten, 26 Abb., 8 Tabellen, DM 10,70

HEFT 264
Prof. Dr. W. Weizel, Bonn
Durch schnelle Funkenzusammenbrüche ausgelöste Signale auf einer Leitung
1956, 26 Seiten, 4 Abb., 3 Tabellen, DM 6,10

HEFT 265
Prof. Dr. F. Micheel und Dr. R. Engel, Münster
Eine Apparatur zur elektrophoretischen Trennung von Stoffgemischen
1956, 38 Seiten, 21 Abb., DM 9,20

HEFT 266
Fliesen-Beratungsstelle Bad Godesberg-Mehlem
Güteeigenschaften keramischer Wand- und Bodenfliesen und deren Prüfmethoden
1956, 32 Seiten, DM 7,10

HEFT 267
Prof. Dr. W. Weizel und B. Brandt, Bonn
Zur Stabilität stromstarker Glimmentladungen
1956, 36 Seiten, 7 Abb., DM 8,40

WESTDEUTSCHER VERLAG · KÖLN UND OPLADEN

HEFT 268
Prof. Dr.-Ing. G. Vogelpohl, Göttingen
Über die Tragfähigkeit von Gleitlagern und ihre Berechnung
1956, 76 Seiten, 24 Abb., 7 Tabellen, DM 16,85

HEFT 269
Markscheider R. Bals, Bochum
Eignung des Gebirgsankerausbaus zur Erleichterung des Streckenvortriebs im Steinkohlenbergbau
1956, 84 Seiten, 41 Abb., DM 18,75

HEFT 270
Dr. H. Krebs und Mitarbeiter, Bonn
Die Trennung von Racematen auf chromatographischem Wege
1956, 62 Seiten, 18 Tabellen, DM 12,95

HEFT 271
Prof. Dr.-Ing. H. Opitz und Dipl.-Ing. H. Axer, Aachen
Beeinflussung des Verschleißverhaltens bei spanenden Werkzeugen durch flüssige und gasförmige Kühlmittel und elektrische Maßnahmen
1956, 46 Seiten, 28 Abb., DM 10,70

HEFT 272
Prof. Dr. W. Fuchs und Dr. H. Dresia, Aachen
Untersuchungen über die Schnellverbrennung und Schnellvergasung fester Brennstoffe
1956, 56 Seiten, 14 Abb., 3 Tabellen, DM 11,90

HEFT 273
Fa. K. W. Tacke G.m.b.H., Wuppertal-Barmen
Erfahrungen beim Verspinnen von Perlonfasern und bei der Herstellung von Trikotagen aus gesponnenem Perlon
1956, 36 Seiten, DM 7,90

HEFT 274
Prof. Dr.-Ing. K. Krekeler, Aachen
Qualitative Untersuchungen bei Verbindungsschweißungen mittels Lichtbogenschweißautomaten unter Verwendung von Blankdraht und Zugabe von ferromagnetischem Pulver als Umhüllung
1956, 68 Seiten, 40 Abb., 8 Tabellen, DM 15,45

HEFT 275
Prof. Dr.-Ing. habil. K. Krekeler, Aachen, und Dipl.-Ing. H. Verhoeven, Aachen
Quantitative Untersuchungen von Punktschweißverbindungen an Tiefzieh- und Aluminiumblechen, die nach dem Argonarc-Punktschweißverfahren hergestellt werden
1956, 64 Seiten, 45 Abb., DM 14,60

HEFT 276
Fa. E. Haage, Mülheim (Ruhr)
Entwicklungsarbeiten im Apparatebau für Laboratorien
1956, 48 Seiten, 18 Abb., DM 10,50

HEFT 277
Dr.-Ing. W. Müchler, Essen
Untersuchung und zahlenmäßige Bestimmung der Schneideigenschaften von Messern mit besonderer Berücksichtigung rostfreier Messerstähle
1956, 60 Seiten, 27 Abb., 5 Tabellen, DM 13,20

HEFT 278
Dipl.-Ing. J. Stelter und Dipl.-Ing. H. Kickert, Aachen
I. Sichtbarmachung von Ultraschallfeldern unter Verwendung photographischer Emulsionsschichten
II. Methode zur Bestimmung der wirklichen Temperaturverhältnisse in Flüssigkeiten während der Beschallung (Nach einer Diplom-Arbeit von H. Schnitzler)
1956, 54 Seiten, 24 Abb., DM 12,75

HEFT 279
Dr. F. Keune, Aachen
Der gewölbte und verwundene Tragflügel ohne Dicke in Schallnähe
1956, 42 Seiten, 15 Abb., DM 9,25

HEFT 280
Dipl.-Ing. J. Stelter und Dipl.-Ing. E. Pfende, Aachen
Über Störerscheinungen bei Schallgeschwindigkeitsmessungen mittels der Interferometermethode
1956, 42 Seiten, 13 Abb., DM 9,60

HEFT 281
Prof. Dr.-Ing. K. Lürenbaum, Aachen
Der Meßwagen des Instituts für Maschinen-Dynamik der Deutschen Versuchsanstalt für Luftfahrt, Aachen
1956, 34 Seiten, 17 Abb., DM 8,60

HEFT 282
Bergrat a. D. Scherer, Bochum
Das B. T.-Schwelverfahren und seine Anwendung auf der Anlage Marienau
1956, 44 Seiten, 7 Abb., DM 9,60

HEFT 283
Prof. Dr. F. Wever und Dr.-Ing. W. Lueg, Düsseldorf
Warmstauchversuche zur Ermittlung der Formänderungsfestigkeit von Gesenkschmiede-Stählen
1956, 44 Seiten, 19 Abb., DM 9,90

Heft 284
Prof. Dr. F. Wever, Düsseldorf, Dr.-Ing. H. J. Wiester, Essen, Dr.-Ing. F. W. Straßburg, Duisburg, Prof. Dr.-Ing. H. Opitz, Aachen, und Dr.-Ing. K. H. Fröhlich, Köln
Einfluß des Gefüges auf die Zerspanbarkeit von Einsatz- und Vergütungsstählen
1957, 88 Seiten, 126 Abb., 11 Tab., DM 22,45

HEFT 285
Prof. Dr.-Ing. O. Kienzle, Dr.-Ing. K. Lange, Hannover, und Dipl.-Ing. H. Meinert, Osterode
Einfluß der Oberfläche auf das Verschleißverhalten von Schmiedegesenken
1956, 62 Seiten, 29 Abb., 8 Tabellen, DM 14,60

HEFT 286
Dr.-Ing. K. Lange, Hannover, Dipl.-Ing. H. Meinert, Osterode, unter Mitarbeit von Dr.-Ing. H. Arend, Mülheim (Ruhr)
Verschleißverhalten hartverchromter Schmiedegesenke
1956, 74 Seiten, 53 Abb., 6 Tabellen, DM 17,65

HEFT 287
Prof. Dr.-Ing. habil. K. Krekeler, Aachen
Änderungen der mechanischen Eigenschaftswerte thermoplastischer Kunststoffe bei Beanspruchung in verschiedenen Medien
1956, 62 Seiten, 23 Abb., 5 Tabellen, DM 13,70

HEFT 288
Dr. K. Brücker-Steinkuhl, Düsseldorf
Anwendung mathematisch-statischer Verfahren in der Industrie
1956, 103 Seiten, 27 Abb., 14 Tabellen, DM 24,20

HEFT 289
Prof. Dr.-Ing. H. Winterhager, Aachen
Kombinierter Widerstands- und Lichtbogen-Vakuumofen zur Verarbeitung von Titanschwamm
Prof. Dr. Dr. h. c. R. Schwarz, Aachen
Erforschung neuer Wege zur Darstellung von Titanmetall
1957, 42 Seiten, 18 Abb., DM 9,70

HEFT 290
Dr. D. Horstmann, Düsseldorf
I. Der verstärkte Angriff des Zinks auf Eisen im Temperaturgebiet um 500° C
II. Einfluß eines Antimongehaltes auf den Angriff von Zinkschmelzen auf Eisen
1956, 48 Seiten, 33 Abb., 3 Tabellen, DM 11,90

HEFT 291
Dr.-Ing. H. J. Wiester und Dr. D. Horstmann, Düsseldorf
Der Angriff eisengesättigter Zinkschmelzen auf silizium- und manganhaltiges Eisen
1956, 52 Seiten, 45 Abb., 8 Tabellen, DM 12,60

HEFT 292
Dipl.-Ing. W. Rohs und Text.-Ing. H. Griese, Bielefeld
Webversuche an Leinenwebstühlen mit verbesserter Schaftbewegung
1956, 34 Seiten, 3 Abb., 2 Tabellen, DM 7,60

HEFT 293
Prof. J. W. Korte, unter Mitarbeit von Dipl.-Ing. P. A. Mäcke und Dipl.-Ing. W. Leutzbach, Aachen
Die Leistungsfähigkeit von Verkehrsanlagen des motorisierten städtischen Straßenverkehrs
1956, 98 Seiten, 35 Abb., 5 Tabellen, 1 Falttafel, DM 22,50

HEFT 294
Dipl.-Ing. B. Naendorf, Essen
Untersuchungen industrieller Gasbrenner
1956, 58 Seiten, 6 Abb., 3 Tabellen, DM 12,40

HEFT 295
Prof. Dr.-Ing. H. Opitz und Dipl.-Ing. H. Axer, Aachen
Untersuchung und Weiterentwicklung neuartiger elektrischer Bearbeitungsverfahren
1956, 42 Seiten, 27 Abb., DM 10,30

HEFT 296
Prof. Dr.-Ing. H. Opitz, Aachen
I. Untersuchungen an elektronischen Regelantrieben
II. Statische Untersuchungen zur Ausnutzung von Drehbänken
1956, 46 Seiten, 18 Abb., DM 10,40

HEFT 297
Dr. K. Schaarwächter, Düsseldorf
Die Reduktion von Siliziumtetrachlorid im Lichtbogen zur nachfolgenden Silizierung von Eisenblechen
in Vorbereitung

HEFT 298
Prof. Dr.-Ing. E. Oehler, Aachen
Untersuchung von kritischen Drehzahlen, die durch Kreiselmomente verursacht werden
1956, 50 Seiten, 35 Abb., DM 13,15

HEFT 299
Dr. J. Fassbender und W. Hoppe, Bonn
Eine photoelektrische Nachlaufeinrichtung für Analogie-Rechenmaschinen
1956, 20 Seiten, 8 Abb., DM 7,65

HEFT 300
Prof. Dr. E. Schütz und Privatdozent Dr. H. Caspers, Münster
Tierexperimentelle Untersuchungen über die Alkoholwirkungen auf Erregbarkeit und bioelektrische Spontanaktivität der Hirnrinde
1956, 44 Seiten, 6 Abb., 1 Tabelle, DM 9,55

HEFT 301
Prof. W. Weltzien, Dr. G. Cossmann und P. Diehl, Krefeld
Über die fraktionierte Füllung von Polyamiden (II)
1956, 54 Seiten, 1 Abb., 16 Tabellen, DM 11,30

HEFT 302
Prof. Dr.-Ing. W. Wegener und Dipl.-Ing. W. Zahn, Aachen
Untersuchungen an gesponnenen Garnen auf ihre Gleichmäßigkeit nach verschiedenen Meßmethoden
1957, 58 Seiten, 34 Abb., DM 15,20

HEFT 303
Prof. Dr. Ing. S. Kiesskalt, Aachen
Das Institut der Forschungsgesellschaft Verfahrenstechnik e. V. an der Technischen Hochschule Aachen
1956, 76 Seiten, 20 Abb., 3 Tabellen, DM 16,40

HEFT 304
Prof. Dr.-Ing. K. Krekeler, Düsseldorf, und Dipl.-Ing. A. Kleine-Albers, Aachen
Beitrag zur thermoelastischen Warmformbarkeit von Hart-PVC
1957, 72 Seiten, 29 Abb., DM 17,70

HEFT 305
Prof. Dr.-Ing. K. Krekeler, Düsseldorf, Dr.-Ing. H. Peukert, Aachen, und Dipl.-Ing. W. Schmitz, Siegburg
Heißgas-Schweißung von Hart-Polyvinylchlorid mit Zusatzwerkstoff
1956, 44 Seiten, 27 Abb., 5 Tabellen, DM 12,50

HEFT 306
Prof. Dr. B. Rensch, Münster
Elektrophysiologische Untersuchungen zur Analysierung der Bildung von Assoziationen und Gedächtnisspuren in Gehirn und Rückenmark
Prof. Dr. A. Loeser, Münster
Akute und chronische Giftwirkungen sauerstoffhaltiger Lösungsmittel
1956, 36 Seiten, 9 Abb., DM 8,90

HEFT 307
Privatdozent Dr. J. Juilfs, Krefeld
Vergleichende Untersuchungen zur elastischen und bleibenden Dehnung von Fasern
1956, 36 Seiten, 11 Abb., DM 8,30

HEFT 308
Privatdozent Dr. J. Juilfs, Krefeld
Zur Messung der Fadenglätte
1956, 22 Seiten, 10 Abb., 2 Tabellen, DM 8,—

HEFT 309
Prof. Dr. K. Cruse und Mitarbeiter, Clausthal-Zellerfeld
Aufbau und Arbeitsweise eines universell verwendbaren Hochfrequenz-Titrationsgerätes
1957, 48 Seiten, 29 Abb., DM 11,90

HEFT 310
Dr. P. F. Müller, Bonn
Die Integrieranlage des Rheinisch-Westfälischen Instituts für Instrumentelle Mathematik in Bonn
1956, 62 Seiten, 6 Abb., 30 Satzskizzen, DM 14,45

HEFT 311
Prof. Dr. F. Wever und Dr. M. Hempel, Düsseldorf
Dauerschwingfestigkeit von Stählen bei erhöhten Temperaturen
Teil I: Erkenntnisse aus bisherigen Dauerschwingversuchen in der Wärme
1956, 48 Seiten, 19 Abb., 2 Tabellen, DM 10,90

HEFT 312
Prof. Dr. F. Wever und Dr. M. Hempel, Düsseldorf
Dauerschwingfestigkeit von Stählen bei erhöhten Temperaturen
Teil II: Zug-Druck-Dauerschwingversuche an zwei warmfesten Stählen bei Temperaturen von 500 bis 650°
1956, 48 Seiten, 20 Abb., 3 Tabellen, DM 11,80

HEFT 313
*Prof. Dr. F. Wever, Dr. W. Koch und
Dipl.-Phys. H. Rohde, Düsseldorf*
Änderungen des Habitus und der Gitterkonstanten des Zementits in Chromstählen bei verschiedenen Wärmebehandlungen
1956, 88 Seiten, 29 Abb., 8 Tabellen, DM 20,90

HEFT 314
*Prof. Dr. F. Wever, Dr.-Ing. A. Krisch, Düsseldorf,
und Dr.-Ing. H.-J. Wiester, Essen*
Veränderungen im Gefügeaufbau von Chrom-Nickel-Molybdän-Stählen bei langzeitiger Beanspruchung im Zeitstandversuch bei 500°
1956, 48 Seiten, 26 Abb., 5 Tabellen, DM 11,70

HEFT 315
Prof. Dr. F. Wever und Dr.-Ing. A. Krisch, Düsseldorf
Metallkundliche Untersuchungen an Zeitstandproben
1956, 38 Seiten, 12 Abb., DM 9,15

HEFT 316
Dr. F. Keune, Aachen
Zusammenfassende Darstellung und Erweiterung des Aequivalenzsatzes für schallnahe Strömung
1956, 80 Seiten, 22 Abb., DM 17,90

HEFT 317
Dr.-Ing. J. Stelter, Aachen
Mikrobiologische Ultraschallwirkungen
1957, 106 Seiten, 41 Abb., 12 Tab., DM 23,90

HEFT 318
Dipl.-Ing. H. Kickert, Aachen
Über die Ausbreitung von Ultraschall in Luft
in Vorbereitung

HEFT 319
Prof. Dr. C. Kröger, Aachen
Gemengereaktionen und Glasschmelze
1957, 118 Seiten, 53 Abb., 16 Tab., DM 26,—

HEFT 320
Dr. H.-E. Caspary, Köln
Verwendung von Szintillationszählern an Stelle von Zählrohren zur zerstörungsfreien Materialprüfung
1956, 42 Seiten, 13 Abb., 2 Tabellen, DM 10,10

HEFT 321
*Prof. Dr. F. Wever, Düsseldorf, und
Dr. W. Wepner, Köln*
Gleichzeitige Bestimmung kleiner Kohlenstoff- und Stickstoffgehalte im a-Eisen durch Dämpfungsmessung
1956, 30 Seiten, 3 Abb., 4 Tabellen, DM 6,80

HEFT 322
*Prof. Dr.-Ing. F. Bollenrath und
Dipl.-Ing. W. Domke, Aachen*
Eigenspannungen in vergüteten, dickwandigen Stahlzylindern nach Oberflächenhärtung mit induktiver Erwärmung
1956, 30 Seiten, 9 Abb., 2 Tabellen, DM 6,90

HEFT 323
Prof. Dr. R. Seyffert, Köln
Wege und Kosten der Distribution der Textilien, Schuh- und Lederwaren
1956, 98 Seiten, 37 Tabellen, 1 Falttaf., DM 12,—

HEFT 324
*Prof. Dr.-Ing. H. Opitz, Dr.-Ing. E. Saljé und
Dipl.-Ing. K. E. Schwartz, Aachen*
Richtwerte für das Außenrund-Längs- und Einstechschleifen
1956, 62 Seiten, 44 Abb., 2 Tabellen, DM 13,85

HEFT 325
Prof. Dr. E. Schratz, Münster
Pharmakognostische Untersuchungen am Medizinal-Rhabarber
in Vorbereitung

HEFT 326
Prof. Dr.-Ing. E. Essers und Mitarbeiter, Aachen
Deichselkräfte an Lastzügen
in Vorbereitung

HEFT 327
*Prof. Dr.-Ing. habil. K. Krekeler und
Dr.-Ing. H. Peukert, Aachen*
Beitrag zur thermoelastischen Formbarkeit von Polyäthylen
1956, 56 Seiten, 49 Abb, 9 Tabellen, DM 12,80

HEFT 328
Dr. H. Maeder, Belo Horizonte
Schweißen von Temperguß
in Vorbereitung

HEFT 329
*Dipl.-Ing. A. Krüger, Karlsruhe, und Feuerwehr-Ing.
R. Radusch, Dortmund*
Wasserzerstäubung im Strahlrohr
1956, 86 Seiten, 21 Abb., 3 Tabellen, DM 18,65

HEFT 330
Dipl.-Physiker E. Pepping, Aachen
Die Durchflußzahl des Rechteckschlitzes in einer sehr großen Wand
1957, 54 Seiten, 21 Abb., DM 12,35

HEFT 331
Dipl.-Ing. G. Bretschneider, Ruit
Die Messung der wiederkehrenden Spannung mit Hilfe des Netzmodelles
1957, 46 Seiten, 21 Abb., 2 Tab., DM 11,20

HEFT 332
Prof. Dr.-Ing. R. Jaeckel und Dr. G. Reich, Bonn
Messung von Dampfdrucken im Gebiet unter 10^{-2} Torr
1956, 42 Seiten, 16 Abb., 2 Tabellen, DM 10,40

HEFT 333
*Prof. Dipl.-Ing. W. Sturtzel und
Dr.-Ing. W. Graff, Duisburg*
I. Der Flachwassereinfluß auf den Form- und Reibungswiderstand von Binnenschiffen
II. Der Flachwassereinfluß auf die Nachstrom- und Sogverhältnisse bei Binnenschiffen
1956, 44 Seiten, 14 Abb., DM 9,80

HEFT 334
Prof. Dr. W. Weizel und Dr. G. Meister, Bonn
Spektralanalyse durch Messung des Interferenz-Kontrastes
1956, 42 Seiten, DM 9,80

HEFT 335
Prof. Dr. W. Weizel und H. Hornberg, Bonn
Untersuchungen der anodischen Teile einer Glimmentladung
1957, 62 Seiten, 14 Farbabb., 21 Abb., 1 Tab., DM 32,80

HEFT 336
Dr. Tung-ping Yao, Aachen
Die Viskosität metallischer Schmelzen
1957, 64 Seiten, 28 Abb., 2 Tab., DM 14,40

HEFT 337
Dr. R. Hoeppener und Dr. W. Bierther, Bonn
Tektonik und Lagestätten im Rheinischen Schiefergebirge
in Vorbereitung

HEFT 338
*Prof. Dr.-Ing. W. Wegener, Aachen, und
Dipl.-Ing. J. Schneider, M.-Gladbach*
Die Bedeutung der Knotenart für die Herabminderung der Fadenbrüche
1957, 40 Seiten, 6 Abb., DM 9,80

HEFT 339
*Prof. Dr.-Ing. W. Wegener und
Dipl.-Ing. W. Zahn, Aachen*
Vergleich des normalen mit verschiedenen abgekürzten Baumwollspinnverfahren in bezug auf Gleichmäßigkeit und Sortierungsstreuung der Garne
1956, 56 Seiten, 17 Abb., 17 Tabellen, DM 12,70

HEFT 340
Dipl.-Ing. W. Rohs und Dipl.-Ing. R. Otto, Bielefeld
Das Naßspinnen von Bastfasergarnen mit Spinnbadzusätzen unter Ausnutzung einer zentralen Spinnwasserversorgungsanlage
1956, 56 Seiten, 2 Abb., 6 Tabellen, DM 11,60

HEFT 341
Prof. Dr.-Ing. H. Winterhager und Dipl.-Ing. L. Werner, Aachen
Präzisions-Meßverfahren zur Bestimmung des elektrischen Leitvermögens geschmolzener Salze
1956, 44 Seiten, 19 Abb., 1 Tabelle, DM 10,60

HEFT 342
Prof. Dr.-Ing. H. Winterhager und Dipl.-Ing. W. Barthel, Aachen
Die Gewinnung von Titanschlackenkonzentraten aus eisenreichen Ilmeniten
1957, 60 Seiten, 30 Abb., 6 Tab., DM 13,30

HEFT 343
*Prof. Dr.-Ing. W. Petersen, Aachen, und Dipl.-Ing.
S. Wawroschek, Aachen*
Die zweckmäßigsten Gütebestimmungsverfahren und Brikettierungsbedingungen bei der Erzeugung von Braunkohlen-Eisenerz-Briketts
1956, 64 Seiten, 28 Abb., DM 13,95

HEFT 344
Prof. Dr.-Ing. W. Fucks, Aachen
Zur Deutung einfachster mathematischer Sprachcharakteristiken
1956, 38 Seiten, 12 Abb., DM 7,80

HEFT 345
Dipl.-Ing. G. Cerbe und Dipl.-Ing. H. Monstadt, Essen
Konvektive Trocknung mit gasbeheizter Luft und Trocknung durch Gasstrahler
1957, 46 Seiten, 16 Abb., DM 10,40

HEFT 346
Dipl.-Ing. O. Arnold, Aachen
Erfahrungen mit Kernbohrungen zur Lagerstättenuntersuchung im Erzbergbau
1957, 36 Seiten, 2 Abb., 3 Falttaf. 6 Tab., DM 8,80

HEFT 347
S. Ruff, F. Kipp, H. Hansteen und G. Müller, Bonn
Untersuchungen zur Frage der Gehörschädigungen des fliegenden Personals der Propellerflugzeuge
1957, 50 Seiten, 27 Abb., 3 Tab., DM 11,10

HEFT 348
*Prof. Dr.-Ing. E. Piwowarsky
und Dr.-Ing. E. G. Nickel, Aachen*
Metallurgie eines hochwertigen Gußeisens mit kompakter bis kugelförmiger Graphitausbildung
1957, 54 Seiten, 27 Abb., 5 Tab., DM 13,30

HEFT 349
*Dr.-Ing. W. A. Fischer, Dr.-Ing. H. Treppschuh
und Dr.-Ing. K. H. Köthemann, Düsseldorf*
Tiegel aus Schmelzmagnesia für Vakuuminduktionsöfen
1957, 34 Seiten, 14 Abb. DM 8,40

HEFT 350
*Prof. Dr.-Ing. habil. K. Krekeler
und Dr.-Ing. H. Peukert, Aachen*
Das Spannungverhalten der Kunststoffe bei der Verarbeitung
in Vorbereitung

HEFT 351
*Prof. Dr.-Ing. H. Opitz, Dipl.-Ing. H. Axer und
Dipl.-Ing. H. Rhode, Aachen*
Zerspanbarkeit hochwarmfester und nichtrostender Stähle. Teil I
1957, 96 Seiten, 73 Abb., 2 Tab., DM 21,80

HEFT 352
Dipl.-Ing. H. Fauser, Aachen
Fahrdynamik und Batterie-Arbeitsverbrauch von Akkumulatorenlokomotiven im Untertagebetrieb
in Vorbereitung

HEFT 353
Forschungsinstitut für Rationalisierung, Aachen
Schlagwortregister zur Rationalisierung
1957, 376 S., DM 56,—

HEFT 354
Dipl.-Ing. D. Wagener, Aachen
Auswirkungen neuer Gaserzeugungs-Verfahren unter Berücksichtigung der Auswirkung auf den Kokereibetrieb
in Vorbereitung

HEFT 355
*Prof. Dr.-Ing. habil. K. Krekeler, Dr.-Ing. H. Peukert und
Dipl.-Ing. A. Kleine-Albers, Aachen*
Heißgas-Schweißungen von Weich-Polyvinylchlorid mit Zusatzwerkstoff
in Vorbereitung

HEFT 356
Dipl.-Phys. G. Gurke, Aachen
Aufbau einer Meßanlage für Untersuchungen elektrischer Gasentladung im Bereiche großer p. d.-Werte
1956, 38 Seiten, 13 Abb., DM 8,65

HEFT 357
Prof. Dr.-Ing. W. Fucks, Aachen
Mathematische Analyse der Formalstruktur von Musik
in Vorbereitung

HEFT 358
*Prof. Dr. rer. nat. W. Weltzien, Dipl.-Chem. P. Ringel
und Text.-Ing. H. Kirchhoff, Krefeld*
Die Waschechtheit von Färbungen. Vergleichende Untersuchungen auf dem Gebiete der Echtheitsprüfung
in Vorbereitung

HEFT 359
Dr.-Ing. F. J. Meister, Düsseldorf
Veränderung der Hörschärfe, Lautheitsempfindung und Sprachaufnahme während des Arbeitsprozesses bei Lärmarbeitern
1957, 84 Seiten, 11 Abb., 1 Tab., 40 Audiogramme, 40 Tab., DM 19,90

HEFT 360
Dr.-Ing. E. Barz, Remscheid
Fertigungskräfte und Spannungsverlauf bei Kreissägeblättern für Holz
1957, 72 Seiten, 40 Abb., DM 17,—

HEFT 361
Dipl.-Ing. H. F. Klein, Aachen
Die nichtstationären Strömungsvorgänge und der Wärmeübergang in einem Schwingfeuergerät
in Vorbereitung

HEFT 362
*Prof. Dr. med. G. Lehmann und Dipl.-Phys.
D. Dieckmann, Dortmund*
Die Wirkung mechanischer Schwingungen (0,5 bis 100 Hertz) auf den Menschen
1957, 100 Seiten, 53 Abb., 6 Tab., DM 22,50

WESTDEUTSCHER VERLAG · KÖLN UND OPLADEN

HEFT 363
Dr.-Ing. U. Domm, Frankenthal (Pfalz)
Über eine Hypothese, die den Mechanismus der Turbulenz-Entstehung betrifft
1956, 28 Seiten, 4 Abb., DM 6,45

HEFT 364
Prof. Dr. Th. Beste, Köln
Die Mehrkosten bei der Herstellung ungängiger Erzeugnisse im Vergleich zur Herstellung vereinheitlichter Erzeugnisse
in Vorbereitung

HEFT 365
Sozialforschungsstelle an der Universität Münster, Dortmund
Standort und Wohnort
in Vorbereitung

HEFT 366
Versuchsanstalt für Binnenschiffbau e. V., Duisburg
Bei Flachwasserfahrten durch die Strömungsverteilung am Boden und an den Seiten stattfindende Beeinflussung des Reibungswiderstandes von Schiffen
1957, 96 Seiten, 39 Abb., 28 Tab., DM 20,40

HEFT 367
Dr. rer. nat. D. Horstmann, Düsseldorf
Der Angriff eisengesättigter Zinkschmelzen auf kohlenstoff-, schwefel- und phosphorhaltiges Eisen
1957, 52 Seiten, 22 Abb., 6 Tab., DM 12,85

HEFT 368
Prof. Dr. phil. H. Kaiser, Dortmund
Entwicklung betriebsmäßiger spektrochemischer Analysenverfahren für technische Gläser
1957, 40 Seiten, 11 Abb., DM 9,10

HEFT 369
Prof. Dr.-Ing. R. Jaeckel und Dipl.-Phys. F. J. Schittko, Bonn
Gasabgabe von Werkstoffen ins Vakuum
in Vorbereitung

HEFT 370
Dr. phil. habil. F. Schwarz, Köln
Physikochemische Grundlagen der Bildsamkeit von Kalken unter Einbeziehung des Begriffes der aktiven Oberfläche
in Vorbereitung

HEFT 371
Dr. phil. W. Lejeune, Köln
Beitrag zur statistischen Verifikation der Minderheiten-Theorie
in Vorbereitung

HEFT 372
Prof. Dr. phil. M. von Stackelberg, Bonn
Untersuchungen zur Ausarbeitung und Verbesserung von polarographischen Analysenmethoden. 2. Bericht
1957, 44 Seiten, 9 Abb., 7 Tab., DM 10,10

HEFT 373
Dipl.-Ing. H. J. Koch, Essen
Druckgasfeuerung — ein Verfahren zum Betrieb von Gasfeuerstätten
1957, 38 Seiten, 8 Abb., 10 Tab., DM 8,50

HEFT 374
Dr. E. Paproth, Krefeld
Paläontologische Bearbeitung der in den devonischen Schichten des Siegerlandes enthaltenen Faunen
1957, 38 Seiten, 3 Tab., DM 8,30

HEFT 375
Technischer Überwachungsverein e. V., Essen
Wanddickenmessungen mittels radioaktiver Strahlen und Zählrohrgerät
in Vorbereitung

HEFT 376
Technischer Überwachungsverein e. V., Essen
Wasserumlaufprobleme an Hochdruckkesseln
in Vorbereitung

HEFT 377
Technischer Überwachungsverein e. V., Essen
Versuche an Wanderrostkesseln mit befeuchteter Verbrennungsluft
in Vorbereitung

HEFT 378
Oberingenieur H. Stein, M.-Gladbach
Beobachtung und maßtechnische Erfassung der Vorgänge im Spinn- und Aufwindefeld von Ringspinn- und Ringzwirnmaschinen
in Vorbereitung

HEFT 379
Laboratorium für textile Meßtechnik, M.-Gladbach
Schußfadenspannung beim Weben
in Vorbereitung

HEFT 380
Dipl.-Phys. R. Trappenberg, Karlsruhe
Theoretische und experimentelle Untersuchungen zur Staubverteilung einer Rauchfahne
in Vorbereitung

HEFT 381
Dr. J. Juils, Krefeld
Zur Dichtebestimmung von Fasern. Methoden und Beispiele der praktischen Anwendung
in Vorbereitung

HEFT 382
Dr. phil. habil. P. Hölemann, Ing. R. Hasselmann und Ing. G. Dix, Dortmund
Die Messung von Flammen und Detonationsgeschwindigkeiten bei der explosiven Zersetzung von Acetylen in Rohren
1957, 36 Seiten, 7 Abb., 4 Tab., DM 8,10

HEFT 383
Dr. phil. habil. P. Hölemann und Ing. R. Hasselmann, Dortmund
Verlauf von Azetylenexplosionen in Rohren bei Gegenwart von porösen Massen
in Vorbereitung

HEFT 384
Prof. Dr.-Ing. H. Opitz, Aachen
Schwingungsuntersuchungen an Werkzeugmaschinen
in Vorbereitung

HEFT 385
Prof. Dr.-Ing. H. Opitz, Aachen
Zerspanbarkeit hochwarmfester und nichtrostender Stähle. Teil II
in Vorbereitung

HEFT 386
Prof. Dr.-Ing. H. Opitz, Aachen
Standzeituntersuchungen und Verschleißmessungen mit radioaktiven Isotopen
in Vorbereitung

HEFT 387
Prof. Dr. med. W. Kikuth und Dozent Dr. med. L. Grün, Düsseldorf
Die Verhütung von Infektion durch Desinfektion des Raumes und der Raumluft
in Vorbereitung

HEFT 388
Prof. Dr. rer. nat. habil. W. Baumeister und Dr. rer. nat. H. Burghardt, Münster
Die Bedeutung der Elemente Zink und Fluor für das Pflanzenwachstum
1957, 48 Seiten, 17 Tab. DM 10,20

HEFT 389
Prof. Dr.-Ing. habil. H. Fink und K. W. Hoppenhaus, Köln
Die biologische Eiweiß-Synthese von höheren und niederen Pilzen und die alimentäre Lebernekrose der Ratte
1957, 76 Seiten, 2 Abb., 24 Tab., DM 15,60

HEFT 390
Dr.-Ing. J. Endres und Dr.-Ing. G. Hiebel, München
Berechnung der optimalen Leistungen, Kraftstoffverbräuche und Wirkungsgrade von Luftfahrt-Gasturbinen-Triebwerken am Boden und in der Höhe bei Fluggeschwindigkeiten von 0—2000 km/h und bei vorgegebenen Düsenausströmgeschwindigkeiten
in Vorbereitung

HEFT 391
Prof. Dr. phil. F. Wever, Dr. phil. W. Koch und Dipl.-Chem. F. Stricker, Düsseldorf
Die quantitative spektrographische Analyse von Gasgemischen aus Kohlenmonoxyd, Wasserstoff und Stickstoff
in Vorbereitung

HEFT 392
Prof. Dr. phil. F. Wever u. a., Düsseldorf
Untersuchungen über den Konverterrauch im Hinblick auf die spektrale Überwachung des Thomasprozesses
in Vorbereitung

HEFT 393
Dr.-Ing. O. Viertel und S. Brückner-Lucas, Krefeld
Arbeitszeitstudien an Haushaltwaschmaschinen
in Vorbereitung

HEFT 394
Privatdozent Dr. med. W. Koch, Münster
Die Ablagerung radioaktiver Substanzen im Knochen
in Vorbereitung

HEFT 395
Dipl.-Ing. L. Hahn, Clausthal-Zellerfeld
Untersuchungen zur Frage des optimalen Bohrloch- und Patronendurchmessers
in Vorbereitung

HEFT 396
Prof. Dr.-Ing. F. Schultz-Grunow, Dr.-Ing. A. Jogerich, Essen, Dipl.-Ing. H. Meyer, cand. ing. P. Sand, Aachen
Untersuchungen des Luftwiderstandes von Güterwagen
in Vorbereitung

HEFT 397
Techn.-Wissenschaftliches Büro für die Bastfaserindustrie, Bielefeld
Ungleichmäßigkeiten in Bändern von Bastfaserkarden, ihre Ursachen und Auswirkungen
in Vorbereitung

HEFT 398
Prof. Dr. habil. H. E. Schwiete, Aachen, u. a.
Einlagerungsversuche an synthetischem Mullit I. — Die Zusammensetzung der Schmelzphase in Schamottesteinen I
in Vorbereitung

HEFT 399
Prof. Dr. habil. H. E. Schwiete und Dr.-Ing. R. Vinkeloe, Aachen
Möglichkeiten der quantitativen Mineralanalyse mit dem Zählrohrgerät unter besonderer Berücksichtigung der Mineralgehaltsbestimmung von Tonen
in Vorbereitung

HEFT 400
Prof. Dr. phil. W. Fuchs und Dipl.-Chem. H. Weyerstrass, Aachen
Entwicklung eines Heißfilters zur Reinigung von Gichtgas eines mit Kohle betriebenen Niederschachtofens
in Vorbereitung

HEFT 401
Prof. Dr.-Ing. M. Lipp und Dipl.-Chem. G. Frielingsdorf, Aachen
Darstellung reaktionsfähiger Verbindungen des Camphansystems und Versuche zu deren Fluorierung
1957, 84 Seiten, DM 17,—

HEFT 402
Prof. Dr. W. Linke, Aachen
Die Wärmeübertragung durch Thermopane-Fenster
in Vorbereitung

HEFT 403
Prof. Dr.-Ing. P. Denzel und Dipl.-Ing. W. Cremer Aachen
Verbesserung der Benutzungsdauer der Höchstlast in ländlichen Netzen durch Anwendung elektrischer Geräte in der Landwirtschaft
in Vorbereitung

HEFT 404
Prof. Dr. R. Jaeckel und Dipl.-Phys. F. Gross, Bonn
Die Löslichkeit von Gasen in schwerflüchtigen organischen Flüssigkeiten
in Vorbereitung

HEFT 405
Prof. Dr.-Ing. H. Opitz und Dipl.-Ing. H. Schuler, Aachen
Untersuchungen für einen Wirtschaftlichkeitsvergleich der Feinbearbeitungsverfahren
in Vorbereitung

HEFT 406
W. Kirsch, Remscheid
Entwicklungsarbeiten auf dem Gebiete des Korrosionsschutzes
in Vorbereitung

HEFT 407
Prof. Dr.-Ing. H. Schenck, Aachen, und Dr.-Ing. W. Wenzel, Bad Godesberg
Entwicklungsarbeiten auf dem Gebiete der Verhüttung von Erzstaub in Schmelzkammern
in Vorbereitung

HEFT 408
Prof. Dr. phil. F. Wever, Dr.-Ing. W. Lueg und Dr.-Ing. H. G. Müller, Düsseldorf
Kraft- und Arbeitsbedarf beim Warmscheren von Stahl in Abhängigkeit von Temperatur und Schnittgeschwindigkeit
in Vorbereitung

WESTDEUTSCHER VERLAG · KÖLN UND OPLADEN

HEFT 409
Prof. Dr. phil. F. Wever, Dr. phil. W. Koch, Dr. rer. nat. Ch. Ilschner-Gensch und Dipl.-Phys. H. Rohde, Düsseldorf
Das Auftreten eines kubischen Nitrids in aluminiumlegierten Stählen
in Vorbereitung

HEFT 410
Prof. Dr. phil. F. Wever, Prof. Dr. rer. techn. A. Kochendörfer, Dr. phil. nat. M. Hempel, Düsseldorf und Dipl.-Phys. E. Hillenhagen, Köln
Biegewechselversuche mit Flachproben aus Alpha-Eisen-Einkristallen zur Bestimmung der Wechselfestigkeit und der Gleitspuren
in Vorbereitung

HEFT 411
Prof. Dr. W. Halbsguth und Dr. L. Sommer, Franfurt/M.
Grundlegende Versuche zur Keimungsphysiologie von Pilzsporen
in Vorbereitung

HEFT 412
Prof. Dr.-Ing. H. Opitz, Aachen
Kennwerte und Leistungsbedarf für Werkzeugmaschinengetriebe
in Vorbereitung

HEFT 413
Prof. Dr.-Ing. H. Opitz, Aachen
Richtwerte für das Fräsen von unlegierten und legierten Baustählen mit Hartmetall, Teil II
in Vorbereitung

HEFT 414
Dr. med. H. K. Parchwitz und Dr. med. C. Winkler, Bonn
Speicherung organischer Farbstoffe und künstlich radioaktiver Substanzen in Geschwülsten
in Vorbereitung

HEFT 415
Prof. Dr.-Ing. W. Paul, Dr. rer. nat. O. Osberghaus und Dipl.-Phys. E. Fischer, Bonn
Ein Ionenkäfig
in Vorbereitung

HEFT 416
Oberreg.-Gewerberat Dipl.-Ing. G. Steinicke, Hamburg
Die Wirkung von Lärm auf den Schlaf des Menschen
in Vorbereitung

HEFT 417
Prof. Dr.-Ing. habil. E. Rößger, Berlin
I. Teil: Die Entwicklung des Weltluftverkehrs, Ergänzungsbericht 1954
II. Teil: Die zivile Luftfahrtpolitik der USA
1957, 230 Seiten, 6 Abb., 83 Tab., DM 48,—

HEFT 418
O. Gdaniec, Mülheim/Ruhr
Über die Randlochkarte als Hilfsmittel in der Dokumentation
1957, 44 Seiten, 15 Abb., 8 Tab., DM 10,10

HEFT 419
K. Brooks
Die Messungen der Reflexionseigenschaften künstlicher und natürlicher Materialien mit quasi-optischen Methoden bei Mikrowellen
in Vorbereitung

HEFT 420
M. Vogel
Das Spektralgebiet zwischen dem langwelligen Ultrarot und Mikrowellen
in Vorbereitung

HEFT 421
ORR Dipl.-Volkswirt Dr. H. Rogmann, Düsseldorf
Die Erforschung der Verkehrskonjunktur und der langzeitigen Dynamik in der Verkehrswirtschaft (Zusammenfassung der eingegangenen Stellungnahmen und Vorschläge)
1957, 168 Seiten, 3 Tab., DM 26,60

HEFT 422
Prof. Dr.-Ing. K. Leist und Dipl.-Ing. W. Dettmering, Aachen
Prüfstände zur Messung der Druckverteilung an rotierenden Schaufeln
in Vorbereitung

HEFT 423
Prof. Dr.-Ing. K. Leist und Dr.-Ing. O. Thun, Aachen
Strömungsmessungen über Brennkammer-Wirkungsgrade
in Vorbereitung

HEFT 424
Prof. Dr.-Ing. K. Leist und Dipl.-Ing. I. Weber, Aachen
Spannungsoptische Untersuchungen von rotierenden Scheiben mit exzentrischen Bohrungen
in Vorbereitung

HEFT 425
Dipl.-Ing. H. Lübke, Hamburg
Gasturbinen und Strahlantriebe für Hubschrauber
in Vorbereitung

HEFT 426
Prof. Dr.-Ing. H. Opitz und Dipl.-Ing. W. Scholz, Aachen
Untersuchungen über den Räumvorgang
1957, 74 Seiten, 36 Abb., 7 Tab., DM 16,55

HEFT 427
Dr.-Ing. J. Endres, München
Kinematische Untersuchung eines Zweitakt-Hochleistungs-Dieseltriebwerks mit achsparallelen Zylindern und gegenläufigen Kolben
in Vorbereitung

HEFT 428
Dr.-Ing. J. Endres, München
Untersuchungen der Beschleunigungsverhältnisse eines Zweitakt-Hochleistungs-Dieseltriebwerks mit achsparallelen Zylindern und gegenläufigen Kolben
in Vorbereitung

HEFT 429
Prof. Dr. O. Kuhn, Köln
Selektive Wirkung verschiedener Stoffgruppen auf tierische Gewebe
1957, 54 Seiten, 32 Abb., DM 13,15

HEFT 430
Prof. Dr. G. Garbotz, Aachen und Dr.-Ing. G. Dress, Cadiz
Untersuchungen über das Kräftespiel an Flachbagger-Schneidwerkzeugen in Mittelsand und schwach bindigem, sandigem Schluff unter besonderer Berücksichtigung der Planierschilde und ebenen Schürfkübelschneiden
in Vorbereitung

HEFT 431
Prof. Dr.-Ing. H. Winterhager, Dr.-Ing. R. Kammel und Dipl.-Ing. W. Barthel, Aachen
Fortschritte auf dem Gebiet der Titanmetallurgie 1950—1955
in Vorbereitung

HEFT 432
Dipl.-Phys. R. Werz, Bonn
Die Entwicklung einer Synchrozyklotron-Ionenquelle
in Vorbereitung

HEFT 433
Dr.-Ing. G. Satlow, Aachen
Über einige physikalische und chemische Eigenschaften der Wolle von der gewaschenen Wolle bis zum Kammzug
1957, 72 Seiten, 15 Abb., 19 Tab., DM 15,25

HEFT 434
Dipl.-Ing. W. Rohs und Dr. J. Geurten, Bielefeld
Schlichten für Baumwollgarne
in Vorbereitung

HEFT 435
Dipl.-Ing. W. Rohs und Dipl.-Ing. L. Steinmetz, Bielefeld
Die Masseungleichmäßigkeit von Flachstreckenbändern in Abhängigkeit von Verzug und Dopplung
in Vorbereitung

HEFT 436
Priv.-Doz. Dr. habil. J. Juilfs, Krefeld
Zur Bestimmung der Reißlast (Zugfestigkeit) von Fasern, Fäden und Garnen
in Vorbereitung

HEFT 437
Prof. Dr. G. Schmölders und Dr. I. Meyer, Köln
Geldwertbewußtsein und Münzpolitik. — Das sogenannte Gresham'sche Gesetz im Lichte der ökonomischen Verhaltensforschung
in Vorbereitung

HEFT 438
Prof. Dr.-Ing. H. Winterhager und Dr.-Ing. L. Werner, Aachen
Bestimmung des elektrischen Leitvermögens geschmolzener Fluoride
in Vorbereitung

HEFT 439
Prof. Dr. phil. H. Lange, Köln und Dr. rer. nat. R. Kohlhaas, Neuß/Rh.
Anwendung der thermomagnetischen Analyse zum Studium des Umwandlungsverhaltens von Eisenwerkstoffen im Temperaturbereich von —150° C bis +150° C
in Vorbereitung

HEFT 440
Dr.-Ing. H. Wolf, Aachen
Gekoppelte Hochfrequenzleitungen als Richtkoppler
in Vorbereitung

HEFT 441
Dr. phil. habil. P. Hölemann und Ing. R. Hasselmann, Düsseldorf
Messung des Temperatur- und Druckverlaufes beim Füllen und Entspannen von Dissousgas
1957, 52 Seiten, 6 Abb., 7 Tab., DM 11,25

HEFT 442
Dipl.-Ing. W. Rohs, Text.-Ing. Griese und Text.-Ing. W. Lauer, Bielefeld
Die Auswirkungen der Trocknungsart naßgesponnener Leinengarne auf deren Verarbeitungswirkungsgrad sowie auf die Festigkeits- und Dehnungseigenschaften der Garne und Gewebe
1957, 28 Seiten, 2 Abb., 3 Tab., DM 6,50

HEFT 443
Prof. Dr. phil. W. Weizel und K. Kluth, Bonn
Über die Struktur der positiven Gleitentladungen
in Vorbereitung

HEFT 444
Dr.-Ing. W. Wilhelm, Aachen
Einfluß der Saugrohrabmessung, der Einlaßsteuerlage und der Größe des Kurbelkastenvolumens auf den Ladungswechsel eines Einzylinder-Zweitakt-Dieselmotors
in Vorbereitung

HEFT 445
Dr.-Ing. E. Barz, Remscheid
Fertigungs- und Prüfverfahren für Feilen
vergriffen

HEFT 446
Dr. med. G. Schäfer
Glutationsstoffwechsel und Sauerstoffmangel

HEFT 447
Prof. Dr.-Ing. F. Bollenrath, Aachen, Dr.-Ing. H. Füllenbach, Seesen/Harz und Dipl.-Ing. J. Schumacher, Neubeckum/Westf.
Entwicklung rationell arbeitender Spritzkabinen
in Vorbereitung

HEFT 448
Dr. med. C. Winkler, Bonn
Ein Koinzidenz-Szintilometer zum Zwecke der Schilddrüsenfunktionsdiagnostik und der Tumordiagnostik
in Vorbereitung

HEFT 449
Priv.-Doz. Oberbaurat Dr.-Ing. W. Meyer zur Capellen und Mitarbeiter, Aachen
Bewegungsverhältnisse an der geschränkten Schubkurbel
in Vorbereitung

HEFT 450
Prof. Dr.-Ing. W. Paul, Bonn und Dipl.-Phys. H. P. Reinhard, M.-Gladbach
Das elektrische Massenfilter als Isotopentrenner
in Vorbereitung

HEFT 451
Prof. Dr. G. Schmölders, Köln
Rationalisierung und Steuersystem
in Vorbereitung

HEFT 452
Prof. Dr. rer. nat. W. Weltzien und Dr. phil. K. Windeck, Krefeld
Veränderungen an Fasern bei der Bleiche mit Natriumchlorid und über einige Vergilbungserscheinungen
in Vorbereitung

HEFT 453
Forschungsinstitut der Feuerfest-Industrie, Bonn
Die Arbeiten der technisch-wissenschaftlichen Kommission der PRE (Vereinigung der europäischen Feuerfest-Industrie)
in Vorbereitung

HEFT 454
Dr.-Ing. W. Piepenburg, Dipl.-Ing. B. Bühling und Bauing. J. Behnke, Köln
Haftfestigkeit der Putzmörtel
in Vorbereitung

WESTDEUTSCHER VERLAG · KÖLN UND OPLADEN

HEFT 455
Dr.-Ing. W. A. Fischer, Dr.-Ing. H. Treppschuh und Dipl.-Phys. K. H. Köthemann, Düsseldorf
Erschmelzung von Reinsteisen nach dem Kohlenstoffproduktionsverfahren und Kerbschlagzähigkeit-Temperatur-Kurven dieses Eisens
in Vorbereitung

HEFT 456
Priv.-Doz. Dir. Dr.-Ing. K. Bungardt, Essen
Zeitstandversuche an austenitischen Stählen und Legierungen
in Vorbereitung

HEFT 457
Prof. Dr. phil. F. Wever, Düsseldorf und Dr. phil. W. Wepner, Köln
Dämpfungsmessungen an schwach gereckten Eisen-Kohlenstoff-Legierungen
in Vorbereitung

HEFT 458
Prof. Dr.-Ing. H. Schenck und Dr.-Ing. E. Schmidtmann, Aachen
Das Frischen von Thomas-Roheisen mit Sauerstoff-Wasserdampf-Gemischen und die Eigenschaften der damit erblasenen Stähle
in Vorbereitung

HEFT 459
Prof. Dr. phil. F. Wever, Dr. phil. O. Krisement und Hanna Schädler, Düsseldorf
Ein isothermes Mikrokalorimeter zur kinetischen Messung von Umwandlungs- und Ausscheidungsvorgängen in Legierungen
in Vorbereitung

HEFT 460
Prof. Dr. phil. F. Wever und Dr. rer. nat. B. Ilschner, Düsseldorf
Ein isothermes Lösungskalorimeter zur Bestimmung thermo-dynamischer Zustandsgrößen von Legierungen
in Vorbereitung

HEFT 461
Prof. Dr.-Ing. habil. E. Piwowarski †, Prof. Dr.-Ing. W. Patterson und Dipl.-Ing. F. W. Iske, Aachen
Verbesserung der Zähigkeitseigenschaften von Bessemer-Stahlguß
in Vorbereitung

HEFT 462
Prof. Dr. rer. nat. J. Weissinger
Zur Aerodynamik des Ringflügels — II. Die Ruderwirkung
Zur Aerodynamik des Ringflügels — III. Der Einfluß der Profildicken
in Vorbereitung

HEFT 463
Dipl.-Ing. G. Plüss, Essen-Steele
Die Aufteilung der verbrennlichen Bestandteile in Verbrennungsgasen auf CO und H_2 bei Verbrennung mit Luftüberschuß und bei Luftüberschuß und künstlicher Flammenkühlung
in Vorbereitung

HEFT 464
Dr. phil. habil. P. Hölemann und Ing. R. Hasselmann, Dortmund
Die Möglichkeit der Zündung von Acetylen in Rohrleitungen beim Ausbleiben mit Stickstoff
in Vorbereitung

HEFT 465
Dr.-Ing. R. Koch, Köln
Amerikanische Fertigungsunterlagen und ihre Werkstattreifmachung für deutsche Betriebe
in Vorbereitung

HEFT 466
Prof. Dr.-Ing. J. Mathieu, Aachen
Überbetrieblicher Verfahrensvergleich
in Vorbereitung

HEFT 467
Prof. Dr. Dr. h. c. E. Klenk und Dr. phil. H. Faillard, Köln
Neue Erkenntnisse über den Mechanismus der Zellinfektion durch Influenzavirus
Die Bedeutung der Neuraminsäure als Zellreceptor für das Influenzavirus
in Vorbereitung

HEFT 468
Prof. Dr. med. Dr. med. dent. G. Korkhaus und Dr. med. R. Alfter, Bonn
Die Vakuumwurzelbehandlung
in Vorbereitung

HEFT 469
Dr. sc. agr. F. Riemann und Dipl.-Volksw. R. Hengstenberg, Göttingen
Zur Industrialisierung kleinbäuerlicher Räume
1957, 130 Seiten, 5 Karten, 23 Tab., DM 27,—

HEFT 470
O. Wehrmann
Hitzdrahtmessungen in einer aufgespaltenen Kármánschen Wirbelstraße
in Vorbereitung

HEFT 471
Prof. Dr. phil. habil. A. Naumann, Dr.-Ing. A. Heyser und Dr. phil. Dipl.-Ing. W. Trommsdorf, Aachen
Der Überdruck-Windkanal in Aachen
in Vorbereitung

HEFT 472
Dipl.-Ing. A. Freitag, Essen-Steele
Verhalten von Katalytstrahlern bei Betrieb mit Luftvormischung zum Gas und der Verbrennung von Luft gegen eine Gasatmosphäre
in Vorbereitung

HEFT 473
Prof. Dr. phil. F. Wever, Dr.-Ing. W. Lueg und Dipl.-Ing. P. Funke jr. Düsseldorf
Versuche an einer hydraulischen 25 t-Stangenziehbank
in Vorbereitung

HEFT 474
Dr.-Ing. R. Ibing und Dipl.-Ing. G. Meier, Hannover
Eichung und Entwicklung von Staubentnahmesonden
in Vorbereitung

HEFT 475
Prof. Dipl.-Ing. W. Sturtzel, Obering. Helm und Dipl.-Ing. Heuser, Duisburg
Systematische Ruderversuche mit einem Schleppkahn und einem Binnenselbstfahrer vom Typ „Gustav Koenigs"
in Vorbereitung

HEFT 476
Prof. Dipl.-Ing. W. Sturtzel und Dipl.-Ing. Schmidt-Stiebitz, Duisburg
Einfluß der Hinterschiffsform auf das Manövrieren von Schiffen auf flachem Wasser
in Vorbereitung

HEFT 477
Dr. K. Utermann, Dortmund
Freizeitprobleme bei der männlichen Jugend einer Zechengemeinde
in Vorbereitung

HEFT 478
Prof. Dr.-Ing. habil. W. Petersen und Dr.-Ing. S. Wawroschek, Aachen
Brikettierungsversuche zur Erzeugung von Möllerbriketts unter Verwendung von Braunkohle
in Vorbereitung

HEFT 479
Prof. Dr.-Ing. W. Wegener, Aachen und Dipl.-Ing. H. Fourné, Bochum
Ursachen des Überschreitens der Toleranzgrenze nach oben oder unten (Meter pro Gramm) an der Strecke
in Vorbereitung

HEFT 480
Dr. phil. K. Brücker-Steinkuhl, Düsseldorf
Anwendung mathematisch-statistischer Verfahren bei der Fabrikationsüberwachung
in Vorbereitung

HEFT 481
Oberbaurat Dr.-Ing. W. Meyer zur Capellen, Aachen
Fünf- und sechspunktige Geradführung in Sonderlagen des ebenen Gelenkvierecks
in Vorbereitung

HEFT 482
Dipl.-Ing. R. Pels-Leusden und Dr. K. Bergmann, Essen
Die Frostbeständigkeit von Ziegeln; Einflüsse der Materialzusammensetzung und des Brandes
in Vorbereitung

HEFT 483
Prof. Dr.-Ing. habil. F. A. F. Schmidt, Aachen
Gemischbildungs-, Selbstzündungs- und Verbrennungsvorgänge als Grundlage für Entwicklungsarbeiten an Gasturbinenbrennkammern
in Vorbereitung

HEFT 484
Prof. Dr. habil H. E. Schwiete und Dr. G. Schwiete, Aachen
Beitrag zur Struktur des Montmorillonit
in Vorbereitung

HEFT 485
Prof. Dr. phil. E. Jenckel, Aachen, Dr. H. Wilsing, Dormagen, Dr. H. Dörffurt, Wesseling/Bez. Köln und Dipl.-Phys. H. Rinkens, Eschweiler
Kristallisation und Hochpolymeren
in Vorbereitung

HEFT 486
Doz. Dr. med. E. Lerche und Dr. med. J. Schulze, Aachen
Hörermüdung und Adaptation im Tierexperiment
in Vorbereitung

HEFT 487
Prof. Dipl.-Ing. W. Blume, Duisburg
Festigkeitseigenschaften kombinierter Leichtbaustoffe im Hinblick auf die Verkehrstechnik, insbesondere des Flugzeugbaus
in Vorbereitung

WESTDEUTSCHER VERLAG · KÖLN UND OPLADEN

If you have any concerns about our products,
you can contact us on
ProductSafety@springernature.com

In case Publisher is established outside the EU,
the EU authorized representative is:
**Springer Nature Customer Service Center GmbH
Europaplatz 3, 69115 Heidelberg, Germany**

Printed by Libri Plureos GmbH
in Hamburg, Germany